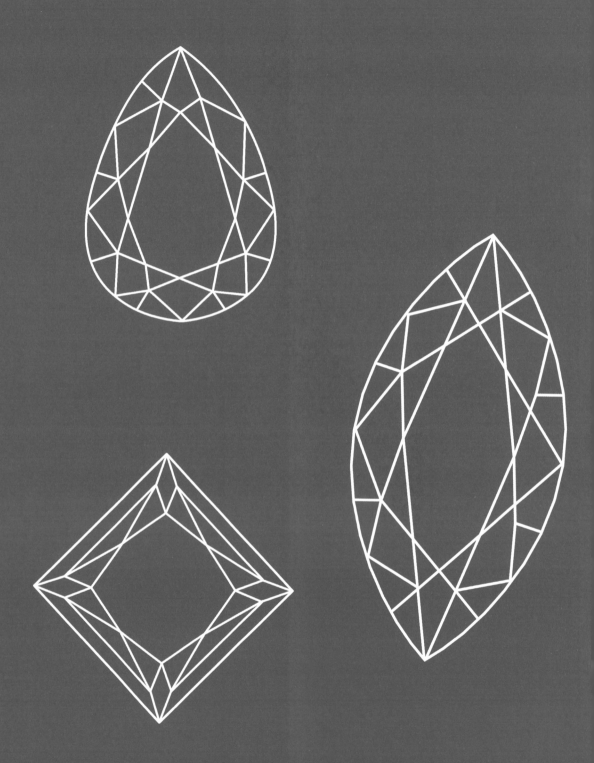

# 보석의
# 힐링에너지

## Healing Energy of Gemstones

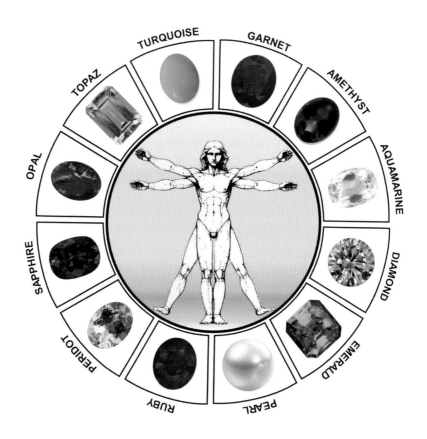

# 차례

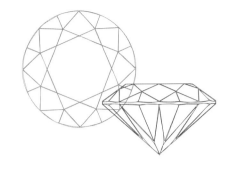

# contents

# 추천사

전 세 일 의학박사

보석힐링에 대한 신저의 출간을 진심으로 환영하는 바이며, 독자의 한 사람으로서 깊은 감사와 존경과 축하의 마음을 느낍니다.

혹자는 지금 우리가 살고 있는 21세기를 4D의 시대라고 특정 지우고 있습니다. 4D란 Digital(정보화), DNA(생명과학), Design(디자인), Divinity(영성)를 말합니다.

현대인들의 일상생활은 디지털적인 정보와 테크놀로지에 연계되지 않은 것이 없습니다.

매 순간 우리 일상에 들이닥치는 정보는 증가하는 수준이 아니라 문자 그대로 폭발적이라는 뜻에서 디지털시대라는 것입니다.

디엔에이(DNA) 시대라고 하는 이유는 거의 모든 지구촌 사람들이 그 어느 때보다도 더욱 적극적이고 능동적으로 건강 장수를 갈구하기 때문입니다. 병이 생긴 후에야 병원에 가서 치료를 받던 과거의 의료 행태에서 벗어나 병이 나기 전에 예방을 하고 건강을 증진하기 위해서 스스로 챙기고 관리하려는 경향으로 바뀌었다는 것입니다. 소위 웰빙(Wellbeing) 우선주의라는 뜻입니다.

또한 우리 모두가 알게 모르게 영적 성장을 추구하고 있는 시대이기도 하다는 것입니다. 세계보건기구(WHO)의 한 특별위원회에서는 '참건강(Wellbeing)은 육체적으로, 정신적으로, 사회적으로 뿐만 아니라 영적으로도 건강하여야 한다'라고 제안하고 있습니다. 왠지 거의 모든 사람들이 영적 허기를 느끼면서 늘 욕구불만 상태로 살아가고 있는 것입니다.

그리고 이 시대의 또 하나의 특징으로 디자인의 시대라고도 하는 말은 패션 디자인(Fashion Design) 같은 단순한 의미를 넘어서 이미 나와 있는 정보나 기술을 다양하게 조립 융합하여 창조적으로 업그레이드된 더 나은 것으로 만들어 내는 광범위한 디자인을 의미하는 것입니다. 심지어 문화와 역사마저도 디자인에 포함시키는 그런 개념입니다.

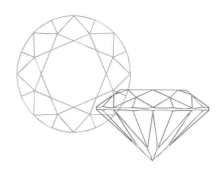

현재 건강 의료 분야에 있어서도 전세계적으로 '통합적인 접근 (Integrative Approach)'이 그 추세입니다. 거의 모든 나라에서 주된 의료제도는 '서양의학 중심(Western Medicine Oriented)'입니다. 1970년대를 기점으로 여러 문화권의 전통의학과 민간요법이 소위 '보완대체의학 (Complementary Alternative Medicine)이라는 우산 아래 전 세계에 보급 확산되기 시작하였습니다. "정통의학(Conventional Medicine)인 서양의학(Western Medicine)을 제외한 기타 전통의학(Traditional Medicine)과 민간요법 (Folk Medicine)을 다 한데 묶어 대체의학(Alternative Medicine)이라 한다" 라는 정의에 따라 외국에서는 우리나라 한의학도 대체의학 속에 속하게 되었으나, 우리나라는 우리 고유의 의료제도 하에서 의학을 '서양의학, 한의학, 대체의학'으로 분류하고 있습니다.

현재 알려진 대체의학에는 거의 400여 가지의 요법이 포함되어 있습니다. 이 안에는 의과학적으로 연구 확인 인정된 부분도 많이 있지만 아직 연구가 진행중인 부분도 많이 있는 상태입니다. 보완대체의학은 분야별로 분류해서 1)전통의학요법, 2)자연요법, 3)생약요법, 4)식이요법, 5)수기요법, 6)심신요법, 7)에너지요법으로 대별하기도 합니다.

인간은 어떤 새로운 것의 도전을 받았을 때 이에 대응하는 반응이 대개 3가지 유형으로 나타납니다. 첫째는 '무조건 부정'하는 부류이고 둘째는 '무조건 인정'하고 받아들이는 부류이고 셋째는 '그런지 아닌지 살펴보자' 하는 부류입니다. 그런데 고대로 인류문화 발전에 공헌한 부류는 무조건 부정하는 사람들도 아니었고, 무조건 찬성하는 사람들도 아니었고, 오히려 진지한 마음으로 살펴보는 사람들이었습니다. 어떠한 시련과 희생이 있더라도 자신의 가치관과 신념에 따라 꾸준히 학습하고 연구하는 사람들이 진정한 인류문화 발전에 공헌한 사람들이었습니다.

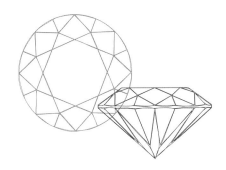

　특히 최근에 전문가와 일반인들 사이에 관심과 연구열이 고조되고 있는 요법중의 하나가 보석요법(Gemstone Therapy)입니다. 보석은 이미 수천년 전부터 여러 용도로 애용되어 온 것이 사실이지만 하나의 요법으로 사용되고 연구된지도 벌써 수 백년이 지났습니다.

　요사이는 통합의학의 에너지요법의 일환으로 의과학적 연구가 활발히 진행되고 있습니다.

　현대 사회에 만연되어 있는 4D의 현상과도 어울리는 아이템이라 할 수 있겠습니다.

　이번에 보석요법 현장에서 직접 실용, 학습, 연구에 몰두해 온 전문가들이 뜻을 모아 그 동안의 축적된 경험과 지식과 연구와 지혜를 담아 하나의 책으로 펴낸 것은 가뭄의 단비처럼 아주 시기 적절하고 매우 반가운 일이 아닐 수 없습니다.

　좋은 책이란 그 동안 모르던 것을 새롭게 알려 주고, 산만하던 지식을 잘 정리 정돈 해 주고, 잘못 알고 있던 것을 바로 잡아 알으켜 주는 것입니다.

　이 책이 바로 그런 책입니다.

　참 건강을 추구하는 일반인들, 보석전문가, 의료인, 건강 보건 계열 학생들과 전문 연구자 모두에게 좋은 참고서가 될 것으로 평가되기에 그 일독을 권하는 바입니다.

BRILLIANT GEMSTONE OBJECTS

# 1

## 페리도트 _ 감람석
### PERIDOT

(漢)橄欖石, (中)橄榄石, (영)Peridot, olivine, chrysolite(주로 유럽)

## (1) 페리도트(감람석)의 보석학적 특성

| 색 | 황록색, 녹황색, 갈록색 | | |
|---|---|---|---|
| 투명도 | 투명~아투명 | 경도 | 6.5~7 |
| 비중 | 3.34 | 강도 | 보통~약함 |
| 결정정계 | 사방정계 | 화학성분 | $(Mg, Fe)_2SiO_4$ |
| 발색원소 | 철 | 내포결정체 | 종종 크로뮴철석 |
| 확대검사 특징 | 더블링(이중상), 수련잎 상(종종 발견됨) | | |
| 주산지 | 미국, 호주, 브라질, 미얀마(버마), 중국, 이집트, 케냐, 멕시코, 노르웨이, 스리랑카(실론) | | |
| 탄생석 | 8월 | 보석말 | 부부의 행복, 화합 |
| 별자리 | 사자자리(7월 23일~8월 22일) | | |
| 보관 및 관리 | 초음파와 스팀 세척을 피하고, 산에 약하며, 미지근한 비눗물에는 안전함 | | |
| 기타 | 16주년 결혼기념석 | | |
| 별칭 | 이브닝 에메랄드 | 주요 차크라 | 가슴, 목 |

## (2) 페리도트(감람석)의 어원과 역사적 고찰

■ 페리도트의 어원

페리도트(Peridot)는 역사적 배경과 어원이 흥미로운 보석 중 하나로 감람나무 잎과 비슷한 녹색을 띠어 올리빈(Olivine)으로도 불린다. 이 보석의 어원은 명확하지 않으나, 앵글로노르만어 'Pedoretes'나 아랍어 'Faridat'에서 유래되었다고 추측되며, 고대 유대인들은 이것을 'Pitdah' 라고 불렀다고 전해진다.

■ 고대 이집트 : 태양의 보석

기원전 1500년경부터 이집트 홍해의 세인트존스 섬에서 채굴되었던 페리도트는 고대 이집트 파라오의 숭배물로 '태양의 보석'이라고 불렸다. 태양신을 숭배하던 이집트인들은 이 보석을 태양의 빛과 유사한 황금과 함께 착용하면 어두운 밤의 공포로부터 보호받을 것으로 믿어 호신석으로 사용되기도 하였다.

■ 고대 로마와 중세 시대 : 밤의 에메랄드

고대 로마에서 페리도트는 어둠 속에서도 아름다운 녹색을 잃지 않는 특성으로 인해 '밤의 에메랄드' 로 불렸으며, 중세시대 십자군에 의해 유럽으로 소개되어 교회 실내장식으로 많이 사용되었다. 가장 대표적인 것은 중세 황금 세공의 걸작으로 불리는 '동방 박사 유물함(Shrine of the Three Kings)'이다.

1248년부터 600여 년 동안 건축된 고딕 양식의 독일 쾰른 대성당 내부에 안치되어 있는 이 유물함에는 1000여 개 이상의 보석이 장식되어 있으며, 이 가운데 수 세기 동안 200 캐럿의 에메랄드로 알려졌던 녹색의 원석이 19세기 후반 페리도트로 확인되어 그 아름다움이 재조명되었다.

### ■ 오스만 제국의 페리도트 수집
　오스만 제국의 술탄들은 14세기에서 20세기초까지 600여년 동안 방대한 양의 페리도트 나석을 수집해 왔는데, 이는 페리도트의 녹색이 이슬람 무함마드를 대표하는 색과 유사했기 때문이다. 특히 이스탄불의 톱카프 궁전 (Topkapi palace) 내부에는 957개의 페리도트가 장식되어 있다.

### ■ 8월의 탄생석
　수 세기 동안 사랑 받아온 페리도트는 콜롬비아에서 채굴된 에메랄드가 전파되면서 인기가 시들해졌다. 그럼에도 불구하고, 녹색의 아름다움과 역사적 가치로 인해 1900년대부터는 여름의 짙은 녹색을 상징하는 8월의 탄생석으로서 인기를 유지하고 있다.
　이처럼 페리도트는 오랜 시간 동안 여러 문화권에서 소중하게 여겨져 왔으며, 오늘날까지도 그 존재감을 굳건히 지키고 있다.

## (3) 페리도트(감람석)의 힐링에너지

■ 페리도트 : 태양의 보석

페리도트(Peridot)는 자연에서 찾을 수 있는 평온한 황록색 색조를 가진 아름다운 보석 중 하나로, 그 역사와 특성으로 높이 평가받고 있다. 이 보석이 빛과 관련이 있어서, 고대 이집트인들은 이를 '태양의 보석'으로 명명하며 그 힘을 높이 여겼다. 고대 이집트에서는 페리도트가 '태양의 보석' 으로 인정되어 밤에 나타나는 공포와 악귀로부터 보호를 받는데 사용되었다. 이러한 보호와 연결된 이유로 클레오파트라의 유명한 에메랄드 컬렉션 중 일부가 실제로 페리도트일 가능성도 제기되고 있다.

■ 페리도트의 힐링에너지

페리도트는 심장 차크라의 진동을 높이는데 도움을 주며, 극단적인 질투와 고통을 겪는 사람들에게 긍정적인 에너지를 제공할 수 있다. 또한 감정적이거나 외상적인 상황을 겪는 사람들을 지원하는 보석으로서, 상호작용을 통해 높은 목표를

이해하고 의사소통하는데 긍정적인 영향을 미친다. 페리도트는 또한 조건 없는 사랑과 일상에서 변함없는 사랑의 진동을 추구하는 사람들에게 도움을 줄 수 있다.

또한, 페리도트는 새로운 시작을 위한 스톤으로서, 과거의 패턴과 행동을 차단하고 부정적인 영향에서 자신을 분리하는데 도움을 주며, 과거 경험으로부터 교훈을 얻고 자기 용서를 통해 현재를 돌보는 인식을 확장시켜준다. 그 결과로 '피해자 심리'를 극복하고 삶에 대한 책임과 용서를 갖도록 도와준다.

### ■ 자연의 힘과의 조화

페리도트는 올리브 색상의 빛을 지니며 나무의 에너지를 대표하는데, 나무 에너지는 가정의 평화와 가족의 건강과 관련이 깊으며 웰빙에 중요한 영향을 미친다. 대지의 힘과 결합한 강력한 올리브그린 색의 페리도트는 학습에 대한 목표와 코스 유지, 인내의 노력에 가장 적합한 스톤으로서, 새로운 의미와 아이디어에 대한 기초 지식을 찾는데 도움을 주는 연구자 또는 학생들에게 어울리는 스톤이다.

## 차크라 위치

목 차크라
가슴 차크라

## 페리도트 힐링효과

세포조직 재생, 피부톤 개선, 심장/흉선/비장 강화, 시력 향상, 출산 고통 저하, 조울증 개선,
건강염려증 개선, 우울증 개선

## (4) 페리도트(감람석)의 오라에너지

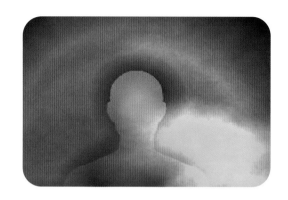

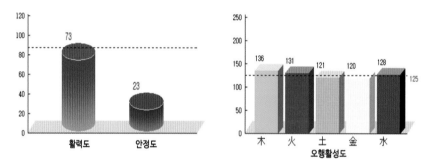

「 페리도트를 착용한 전의 오라에너지 」

페리도트, 또는 감람석이라고도 불리는 이 보석은 오랜 시간 동안 다양한 문화에서 치유의 힘을 지닌 것으로 여겨져 왔다. 특히, 이 보석은 세포 재생을 촉진하고, 인체 내에 축적된 피로 물질들을 해독하는 데 탁월한 효과가 있다고 알려져 있다. 이러한 전통적인 믿음을 과학적으로 확인하기 위해, 생체 전자기장을 측정하는 오라에너지 측정기를 사용하여 페리도트를 착용하기 전과 후의 변화를 관찰한 실험이 진행되었다.

이 실험의 주인공은 중년의 남성이었으며, 과거 과로로 인해 간 기능과 심혈관 기능에 문제가 있었고, 이와 관련된 치료를 받은 이력이 있었다. 실험 시작 전, 오라

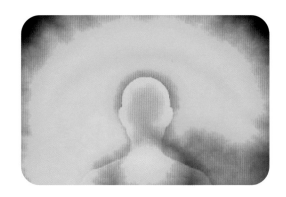

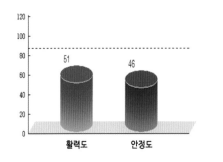

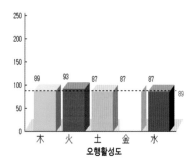

「 페리도트를 착용한 후의 오라에너지 」

에너지 측정기를 통해 그의 상태를 확인했을 때, 붉은색의 오라에너지가 나타났다. 연구와 임상 실험에 따르면, 중년 나이대에서 붉은 오라에너지는 건강에 대한 경고 신호일 수 있으며, 피로와 긴장이 높은 상태를 나타내는 경우가 많다.

페리도트 팔찌를 착용한 후 약 10분이 지나자, 큰 변화가 관찰되었다. 착용 전에는 막혀 있던 그의 오라에너지 흐름이 원활해졌으며, 오라의 색깔도 안정적인 심신 상태를 나타내는 초록색으로 변화했다. 이러한 결과는 페리도트의 에너지가 오라에너지를 정화하고 안정시키는데 효과가 있음을 보여주며, 이를 통해 심신의 상태에 긍정적인 영향을 줄 수 있다는 사실을 시사한다.

# 2

# 공작석 _ 말라카이트
## MALACHITE

⒣孔雀石, ⒞孔雀石, ⒢Malachite

## (1) 공작석(말라카이트)의 보석학적 특성

| 색 | 청록색, 녹색 | | |
|---|---|---|---|
| 투명도 | 불투명 | 경도 | 3.5~4 |
| 비중 | 3.7~4.1 | 강도 | 약함 |
| 결정정계 | 단사정계 | 화학성분 | 수산화탄산구리 $(Cu_2CO_3(OH)_2)$ |
| 발색원소 | 구리 | 조흔 | 연록색, 진녹색, 흑녹색 |
| 확대검사 특징 | 둥글거나 각진 둘 이상의 명도를 지닌 녹색 줄무늬, 방사상 섬유 구조 | | |
| 주산지 | 콩고민주공화국(자이르), 호주, 영국, 프랑스, 나미비아, 루마니아, 남아프리카공화국, 미국, 러시아, 짐바브웨 | | |
| 탄생석 | 5월 | 보석말 | 부부의 행복, 화합 |
| 별자리 | 염소자리 (12월 25일 ~ 1월 19일) | | |
| 보관 및 관리 | 열과 화학약품은 피해야 하고, 미지근한 비눗물에는 안전함 | | |
| 기타 | 애주말라카이트는 애주라이트(청색)와 공작석의 혼정 | | |
| 별칭 | 피콕크 스톤 | 주요 차크라 | 가슴, 이마 |

## (2) 공작석(말라카이트)의 어원과 역사적 고찰

■ 공작의 날개를 닮은 녹색 보석

공작석(말라카이트, Malachite)라는 이름은 특징적인 녹색과 식물인 '아욱'의 잎사귀와 닮은 색 때문에 그리스어의 '말라케'라는 말에서 유래되었다. 공작석은 공작의 날개를 연상시키는 짙고 옅은 에메랄드 녹색의 가느다란 줄무늬, 포도 모양 또는 동심원의 층을 가진 특유의 녹색 띠가 특징이다.

■ 고대의 다양한 활용

약 4,000~5,000년 전부터 애용되었던 이집트 보석 중 하나인 공작석은, 보호 부적으로서 큰 의미를 지니고 있었다. 이 보석을 아기의 요람에 붙여두면 악몽을 물리칠 수 있다고 믿어 아이의 평화로운 잠을 지켜주는 역할을 했다. 또한, 고대 이집트에서는 공작석을 가루로 만들어 눈에 음영을 주는 화장품인 아이쉐도우로 사용하였다는 이야기도 전해지며, 고대 로마에서는 도장으로도 사용하였다.

■ 광범위한 채굴과 활용

고대부터 스톤이나 뼈와 같은 도구를 사용하여 채굴되어 왔던 공작석은 3,800년 전 영국의 광산인 그레이트 오름(Great Orme)에서 광범위하게 채굴되었으며, 고고학적 증거에 따르면 3000년 이상에 걸쳐 이스라엘의 팀나 계곡(Timna valley)에서 채굴되어 왔음을 알 수 있다.

고대부터 녹색을 담당하는 광물 안료로 사용되던 공작석은 이후, 안료뿐만 아니라 불꽃의 원료, 장신구, 장식용품, 도기 용도로도 1800년대까지 활용되었다. 샹트페테르부르크 에르미타주 미술관 겨울 궁전의 공작석실과 멕시코시티의 차풀테펙성 내부는 공작석을 활용한 조각 작품들을 전시하고 있다. 현대에는 FIFA 월드컵 트로피를 만드는데도 사용되었는데 트로피 하단부의 초록색 줄무늬가 바로 공작석으로 제작된 것이다.

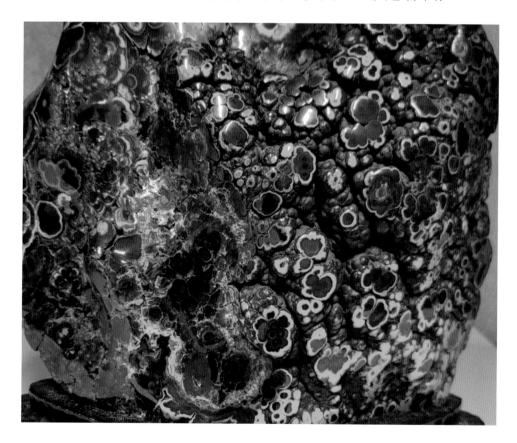

# (3) 공작석(말라카이트)의 힐링에너지

## ■ 자연의 푸른 미덕을 담은 공작석

공작석의 풍부한 녹색은 자연의 푸른 미덕과 변화를 상징한다. 그린의 공작석은 녹색의 벨벳, 부드러운 봄날, 우거진 숲과 같은 상상을 떠올리게 하며, 이로써 우리에게 숲속에서 물을 마시는 듯한 상쾌함을 전달한다.

## ■ 클레오파트라의 아름다움 비결

클레오파트라는 공작석을 위장병과 부정적인 에너지로부터 자신을 보호하는 호신의 도구로써, 녹색 안료와 보석으로 활용하여 손목과 목을 장식했다. 이처럼, 현대에서도 공작석은 변화의 시기에 영적 성장을 촉진하는 도구로 사용할 수 있다.

## ■ 가슴 차크라와 여성 건강

녹색의 공작석은 가슴 차크라와 연결되어 있으며, 과거의 트라우마와 패턴을 버리고 새로운 영역에서 자신의 에너지를 표현하는데 도움을 준다. 조산사의 스톤으로 이름을 얻을 만큼 강력한 여성 에너지를 내는 공작석은 생리통과 같은 여성 문제에 도움을 주고, 근육 및 관절 문제에 빠른 치유를 촉진한다.

## ■ 공작석의 정서적 효과

공작석은 부정적인 에너지를 강력하게 흡수하고, 내외부 환경의 정화에 도움을 주는 보석이다. 변화에 대한 공포증을 저항할 수 있도록 돕고, 두근거리는 심장과 땀을 진정시키는데 도움을 주는데, 특히 여행자나 비행기 공포증을 겪는 사람들에게 안정감을 제공하여 두려움을 줄여준다.

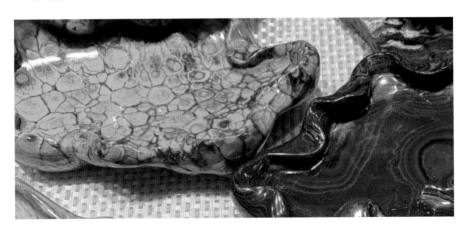

또한, 우리의 아름다움을 표현할 수 있도록 제3의 눈을 활성화시켜주며, 이를 통해 다른 사람들이 우리 영혼의 아름다운 본성을 공유할 수 있도록 공작석은 끊임없이 움직이며 긍정의 메세지를 보내며 돕는다.

■ 정화와 에너지 흡수

공작석은 강력한 정화제로 작용하며 에너지적 독소를 제거하고 가라앉은 기운을 정화한다. 부정적인 에너지를 강력하게 흡수하며, 외부와 내부 환경에 영향을 주는 스톤으로 자주 정화를 해주어야 한다.

고대부터 '마귀를 쫓는 부적'이라는 주술적 의미가 있는 공작석은 파워풀한 에너지를 지닌 보석으로 액세서리로 착용 시, 오래 착용하지 않고 짧은 시간만 잠깐씩 착용하며 주기적으로 정화하도록 한다. 또한, 공작석은 방사능과 전자기장의 방해적 기능을 가지고 있어 공간 에너지를 정화하고, 웹서핑과 SNS 활동과 같은 지나친 전자 제품 사용으로 발생하는 전자파로부터 에너지의 흐름을 보호한다. 이를 통해 현대인들의 일상에서 발생하는 부정적 에너지의 영향을 완화시켜주어 정서적인 안정을 제공한다.

## 차크라 위치

이마 차크라

가슴 차크라

## 공작석 힐링효과

생리통, 여성생식문제, 뼈와 근육, 관절에 치유효과 촉진,
두려움 및 새로움에 대한 감정적 압박에 자신감과 용기 제공

## (4) 공작석(말라카이트)의 오라에너지

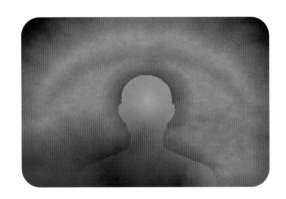

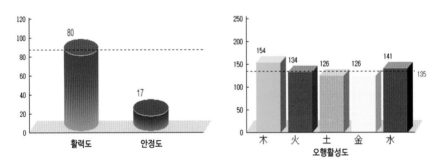

「 공작석을 착용하기 전의 오라에너지 」

공작석, 또는 말라카이트로 알려진 이 보석은 오랜 시간 그 정화력과 독소 제거 능력, 그리고 부정적인 에너지를 흡수해 이완을 도와주는 특징으로 인해 많은 사람들에게 사랑받아 왔다. 이번에 실시된 임상 실험은 이러한 전통적인 믿음이 실제 인체 에너지 실험에서도 나타나는지 확인하기 위해 기획되었다.

임상 실험에 참여한 주인공은 30대 여성으로, 평소 대장 내 가스가 자주 차는 증상과 과거 용종 제거 시술의 경험, 높은 혈중 콜레스테롤 수치로 인한 병원의 약 처방 그리고 최근에는 혈압약 복용을 권유받을 정도로 복잡한 건강 상태였다.

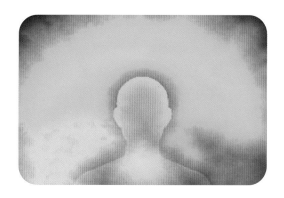

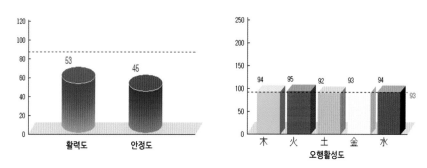

「 공작석을 착용한 후의 오라에너지 」

    이러한 문제들로 인해 일상 생활에 여러 가지 어려움이 있었으며, 이를 개선하기 위한 방안으로 공작석의 효능을 시험해보기로 결정하였다.

    실험은 공작석을 착용하기 전과 착용한 후 생체 에너지 변화를 관찰하는 방식으로 진행되었다. 착용 후 즉시 눈에 띄는 변화는 관찰되지 않았지만, 약 10분이 지나자 점차적으로 그녀의 오라에너지에 변화가 나타났다. 불안정하고 혼란스러웠던 그녀의 에너지 상태가 서서히 변화하여, 안정적인 심신 상태를 나타내는 초록색 오라에너지로 전환된 것이다.

# 3

## 다이아몬드 _
### *DIAMOND*

(漢)金剛石, (中)钻石, (영)Diamond

## (1) 다이아몬드의 보석학적 특성

| | | | |
|---|---|---|---|
| 색 | 연황색, 갈색, 회색, 거의 무색에서 무색 | | |
| 투명도 | 투명~불투명 | 경도 | 10 |
| 비중 | 3.52 | 강도 | 좋음(벽개방향), 그 이외 방향은 매우 우수 |
| 결정정계 | 등축정계 | 화학성분 | 탄소(C) |
| 발색원소 | 질소(황색, 오렌지), 붕소(청색) | 내포결정체 | 다이아몬드 |
| 확대검사 특징 | 금강광택, 내추럴(자연면), 예리한 패싯 능선 | | |
| 주산지 | 보츠와나, 러시아(사하공화국), 남아프리카공화국, 호주, 나미비아, 시에라리온, 콩고민주공화국(자이르), 브라질, 중국, 인도 | | |
| 탄생석 | 4월 | 보석말 | 영원불멸, 고귀, 사랑, 평화, 순결, 신뢰, 청정무구 |
| 별자리 | 황소자리(4월20일~5월20일), 천칭자리(9월24일~10월22일) | | |
| 보관 및 관리 | 초음파와 스팀 세척에 안전하고, 미지근한 비눗물에는 안전함 | | |
| 기타 | 겨울, 토요일, 12:00(정오), 10주년 또는 60주년 또는 75주년 결혼기념석, 행성 중 금성, 열전도율이 아주 높음 | | |
| 주요 차크라 | 크라운, 모든 부위 | | |

## (2) 다이아몬드의 어원과 역사적 고찰

■ 다이아몬드의 어원과 의미

다이아몬드(Diamond)는 그리스어 아다마스 'Adamas'에서 유래되었으며, 이는 '길들일 수 없다' 또는 '정복할 수 없다'라는 뜻을 가지고 있다. 이 용어는 르네상스 시대까지 불 또는 열로 녹지 않는 다이아몬드의 강한 특성을 나타내기 위해 사용되었다.

또한, 다이아몬드는 불교에서도 중요한 상징물로 취급되며, 산스크리트어에서 '바이라(Vaira)'라는 명칭은 다이아몬드를 표현하며 '벼락'이라는 뜻을 가지고 있다. 이는 온전한 믿음에서 비롯되는 평온함과 정신적 안정, 명징한 사고와 자유로운 정신을 상징하기도 한다.

■ 다이아몬드의 출현

고대 산스크리트 문헌에 따르면, BC 4세기 말까지 인도에서 다이아몬드 교역이 활발하게 이루어졌으며, 당시 다이아몬드는 조세를 내는 수단으로도 사용되어 왕실 수입에 큰 역할을 하였다고 한다. 다이아몬드는 오랜 세월 동안 귀한 보석으로서뿐만 아니라 상징물로서의 가치를 지켜왔으며, 그 아름다움과 특수한 물성으로 많은 문화와 종교에서 중요한 역할을 하였다.

■ 로마 시대의 다이아몬드

로마가 지중해 지역에서 영토를 확장하기 전까지 서양에서 다이아몬드의 존재는 미미했다. 그래서 당시 로마로 유입되는 스톤은 작고 보잘것 없는 저급한 것들이었지만 비록 작고 보잘 것 없어도 특유의 광채와 신비로움으로 인해 매우 소중히 여겨졌다. 중세 시대에는 다이아몬드의 신비한 힘이 강조되면서 최고의 가치가 부여되었고 이러한 이유로 초기에는 남성들 중 일부만 제한적으로 착용할 수 있었으나 반짝이는 광채의 매력이 부각되면서 남녀 모두에게 인기있는 장신구의 형태로 변화되었다.

■ 다이아몬드의 왕국 : 유럽의 권력 상징

15세기까지의 유럽에서 다이아몬드는 강력한 왕권의 상징이었다. 그러나 세월이 흐르면서 차츰 영원한 사랑의 상징으로서 뚜렷한 위상을 형성하게 된다.

다이아몬드는 1700년대까지 유럽의 탄생석 목록에 등재되지 않았으나, 18세기 초에 4월의 탄생석으로 지정되었다.

■ 프랑스 왕국의 다이아몬드 열풍

15세기 프랑스 찰스 7세의 연인 아그네스 소렐은 평민 출신임에도 불구하고 대중 앞에서 다이아몬드를 착용한 최초의 여성으로 기록되었다. 같은 세기 프랑스 버건디의 찰스 공작은 다이아몬드 수집가로 알려졌는데 그의 딸 메리가 후에 로마 제국 황제가 되는 오스트리아의 맥스밀리언 1세 대공에게서 최초로 기록된 다이아몬드가 박힌 약혼반지를 받았다고 전해진다.

16세기와 17세기에는 프랑스가 유럽의 다이아몬드 시장을 주도했다. 프랑스 왕국 부르봉 왕조의 제3대 왕 루이 14세의 통치 기간에는 세계에서 가장 값진 다이아몬드가 프랑스로 유입되었는데, 루이 14세는 태브니어로부터 44개의 큰 다이아몬드와 조금 작은 다이아몬드 1100여 개를 구매했다고 전해지며, 이중 10캐럿 이상인 다이아몬드가 109개, 10캐럿 이하의 다이아몬드가 273개라고 알려져 있다.

■ 러시아의 다이아몬드

프랑스의 왕들이 자신들의 영광을 과시하기 위해 다이아몬드를 애용한 반면 러시아의 황제들에게 다이아몬드는 권력의 상징이었다. 1600년대 초부터 러시아 황제는 다이아몬드로 장식된 왕관, 천체, 메달 세트 등을 소장하였으며, 1724년 피터 황제는 아내 캐서린 1세에게 2500개가 넘는 다이아몬드가 장식된 왕관을 수여하기도 했다.

■ 유럽의 4대 다이아몬드

유럽의 4대 다이아몬드라 불리는, 상시(Sancy), 리전트(Regent), 블루 호프(Blue hope), 피렌체(Florentine) 다이아몬드는 세계적으로 유명한 보석으로, 때로는 '저주받은 다이아몬드'라고도 불리게 된 흥미로운 이야기들이 전해진다.

1) 상시(Sancy) 다이아몬드 : 여러 경로를 거쳐 루브르 박물관에

1570년 경, 터키 주재 프랑스 대사 상시가 프랑스로 가져왔다고 알려진 이 다이아몬드는 이후 영국 왕실의 소유가 되나 명예혁명이 일어날 즈음에 프랑스로 돌아와 왕관을 장식하게 된다. 그러나 프랑스 혁명기의 혼란한 와중에 도난당하여 여러 경로를 거치면서 소유자가 바뀌었으나, 1978년 마침내 루브르 박물관에 전시되면서 오늘날까지 수많은 관람객들의 경탄을 자아내게 한다. 영국과 프랑스 왕실을 대표하는 보석이었으나 혁명으로 인해 양국의 왕실이 무너지면서 '저주받은 다이아몬드'라 불리게 되었다.

2) 리전트(Regent) 다이아몬드 : 유럽 최대의 다이아몬드

리전트 다이아몬드는 140.5 캐럿으로 유럽에서 가장 큰 다이아몬드로 알려져 있다. 이 다이아몬드 또한 루이 14세의 왕관을 장식한 적이 있으며, 그 원석은 인도에서 처음 발견되었는데 흥미롭게도 이 다이아몬드의 원석을 처음 발견한 사람은 노예였다고 한다. 이 노예는 자신의 발목에 스스로 큰 상처를 내어 다이아몬드를 숨겼으나 이 사실을 눈치챈 선장에게 살해당하고 결국 다이아몬드는 선장의 차지가 된다. 그 후 선장은 다이아몬드를 팔아 방탕한 생활을 즐겼으나 돈을 모두 탕진하고 정신착란을 겪다 결국 자살했다는 미스터리한 이야기가 전해진다. 1702년 이 다이아몬드 원석은 토마스 피트에 의해 커팅되어 104.5 캐럿의 리전트 다이아몬드로 완성되었고 프랑스 왕실을 거쳐 나폴레옹의 칼에 장식되는 등 역사의 중요한 장면에 등장한다.

### 3) 피렌체(Fiorentine)와 블루 호프(Blue hope) : 불운의 다이아몬드들

피렌체 다이아몬드는 오스트리아 제국의 멸망과 함께 자취를 감추었으며 현재까지도 소재가 밝혀지지 않은 미스터리한 보석 중 하나이다. 반면, 블루 호프 다이아몬드는 현재 미국 스미스소니언 박물관(Smithsonian Museum)에 전시되어 있다. 이 두 다이아몬드 역시 잇닿은 소유자들의 죽음과 불행한 사건들의 연속으로 화제가 되었고 현재까지도 미스터리로 남아있다.

### ■ 다이아몬드의 진화 : 권력의 상징에서 영원한 사랑의 징표로

다이아몬드는 오랫동안 왕실의 상징으로 여겨져 왕의 권력과 왕실의 영광을 드러내는 중요한 보석으로 간주되었다. 그러나 1860년대에 남아프리카공화국에서 대규모의 다이아몬드광산이 발견되면서 더 이상 왕족이나 귀족의 전유물이 아니게 되었고 20세기에 이르러 드비어스의 광고 효과를 타고 영원한 사랑을 상징하는 보석으로 대중적으로 자리매김하였다.

## (3) 다이아몬드의 힐링에너지

■ 다이아몬드 : 무적의 보석 그리고 순수함

지구의 깊은 곳에서 순수한 탄소로 만들어진 강한 보석으로, 경도 10으로 고대부터 무적의 스톤으로 알려져 있다. 다이아몬드는 얼음의 색과 빛나는 프리즘으로 우리를 사로잡는 아름다움의 결합체로 겨울의 보석으로도 불린다. 무적의 경도를 지닌 다이아몬드는 내면의 비전을 강화하며, 창의성과 상상력을 자극하여 독창성의 새로움을 촉진하는 역할을 한다.

■ 다이아몬드의 정서적 효과

투명한 백색의 다이아몬드는 우리 마음의 부정적인 에너지를 제거하고 긍정적인 태도를 촉진하며, 주변과의 소통과 관계에서 화합을 조성하는데 도움을 줄 수 있다. 이를 통해 대인관계를 강화하고 조화로운 상호 작용을 촉진할 수 있다. 행복, 불행, 절망, 사랑의 감정 상태를 증폭시키는 다이아몬드는 마음의 균형이 깨졌을 때는 착용하지 않는 것이 좋다. 다이아몬드가 근본적인 정서적 문제의 대안으로 사용되어서는 안되며, 문제를 스스로 대처하고 해결할 수 있는 용기를 독려하여 어려움을 극복하고 내적으로 강해질 수 있도록 돕는 역할을 해야 한다.

어려운 시기에도 다이아몬드는 불굴의 에너지를 상징하며, 내면의 진정한 아름다움과 영혼의 지혜를 드러내어야 한다는 의미를 전달한다.

■ 마스터 힐러 보석, 다이아몬드

다이아몬드는 신체적 불균형과 무너진 정체성을 회복할 때 다른 광물의 에너지를 증폭시켜주고, 두려움과 불안, 과도한 상상력을 완화하도록 도움을 준다. 독일의 신비주의자 빙엔의 힐데가르트에 따르면 배고픔을 잊기 위한 도구로 다이아몬드를 입안에 머금도록 하였다.

신체적으로 모든 차크라, 특히 크라운 차크라를 자극하고 우리 존재를 더 높은 차원으로 연결하며, 변비, 신체의 노폐물 제거, 신장 강화 등을 통해 우리 몸의 정화 작용에 유용한 보석이다. 또한 뇌졸증, 간질, 세포노화 방지, 에너지 회복, 정신 편집증, 우울증, 강박적 질투에 더욱 에너지를 활성화시킴으로 주의가 필요하다.

## 차크라 위치

크라운 차크라

모든 차크라

### 다이아몬드 힐링효과

신진대사 균형, 시력향상, 녹내장, 현기증, 면역체계 강화, 기억상실, 심한우울증, 발열, 피로, 중독완화

## (4) 다이아몬드의 오라에너지

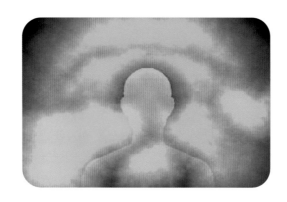

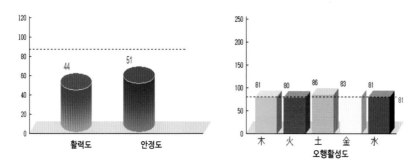

「 다이아몬드를 착용하기 전의 오라에너지 」

　다이아몬드는 오랫동안 눈부신 아름다움과 함께, 깊은 내적인 변화와 치유의 힘을 지녔다고 여겨져왔다. 이번에 실시된 임상 연구로 다이아몬드가 심신에너지에 어떤 영향을 주는지 확인할 수 있었는데 연구 참가자는 30대 후반 여성으로, 4년 전 자궁과 난소에 문제가 생겨 큰 수술을 받았다. 수술 후 호르몬 불균형을 겪으며 우울증과 감정의 격랑으로 큰 어려움을 겪었다고 한다. 그녀는 병원 치료와 함께 식이요법과 운동 치료를 병행하며 상태 개선을 위해 노력하고 있었다.

　그러던 차에 연구소를 찾게 되었고 실험에 참여하였다. 생체 에너지 반응을 확인할 수 있는 오라에너지 측정기를 사용하여 다이아몬드를 착용하기 전과 후 오라에너지 변화를 측정하였다. 다이아몬드 착용 전에 비해 착용 후 오라에너지가 현저히 밝아졌다. 특히, 활력도가 44에서 54로 상승하였으며, 이는 신진대사와 기혈순환에 연관된 화(火) 에너지가 80에서 98로 대폭 증가한 덕분으로 보인다.

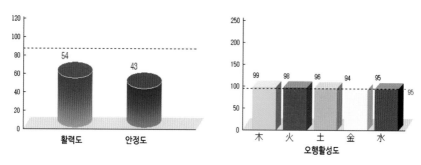

「 다이아몬드를 착용한 후의 오라에너지 」

　이러한 결과는 다이아몬드가 오라에너지를 밝게 하고, 에너지 불균형을 해소하며, 전반적인 활력 회복에 중요한 역할을 한다는 것을 시사한다. 다이아몬드의 강력한 빛 에너지 효과는 이번 임상 결과를 통해 잘 입증되었으며, 이는 보석이 단순히 물리적인 아름다움을 넘어 심신의 건강과 균형에 긍정적인 영향을 미칠 수 있음을 보여준다.
　이러한 발견은 활력이 저조하거나 에너지 불균형을 겪고 있는 많은 사람들에게 희망의 메시지가 될 수 있고, 보석 에너지가 우리의 심신을 조화롭게 하는 강력한 도구가 될 수 있다는 가능성을 보여준다.

# 4

## 오팔 _ 단백석
### OPAL

(漢)蛋白石, (中)欧泊, (영)Opal

# (1) 오팔(단백석)의 보석학적 특성

| 색 | 화이트, 블랙, 오렌지 등 다양 | | |
|---|---|---|---|
| 투명도 | 투명~불투명 | 경도 | 5~6.5 |
| 비중 | 2.15 | 강도 | 보통~매우 약함 |
| 결정정계 | 비결정질 | 화학성분 | 이산화탄소($SiO_2$) + 물($H_2O$) |
| 발색원소 | 니켈 (녹색) | 내포결정체 | 실리카 구 |
| 확대검사 특징 | 유색효과 | | |
| 주산지 | 호주, 브라질, 멕시코, 온두라스, 인도네시아, 폴란드, 탄자니아, 미국 | | |
| 탄생석 | 10월 | 보석말 | 안락, 인내, 비애극복. 희망, 순결 |
| 별자리 | 황소자리(4월20일~5월20일), 천칭자리(9월24일~10월22일) | | |
| 보관 및 관리 | 초음파와 스팀 세척은 피해야 하고, 미지근한 비눗물에는 안전함 | | |
| 기타 | 14주년 결혼기념석, 오후 6시 | | |
| 별칭 | 무지개의 화신 | 주요 차크라 | 가슴 |

## (2) 오팔(단백석)의 어원과 역사적 고찰

### ■ 오팔의 어원

오팔의 어원은 다양한 언어에서 비슷한 의미를 공유하고 있다. 라틴어에서는 '오팔루스(Opalus)'라는 단어가 사용되며, 그리스어에서는 '오팔리오스(Opalios)'로 언급되는데 이러한 명칭들은 모두 '변하는 색깔을 보다' 란 의미를 내포하고 있어 오팔이 가진 독특한 색들의 변화와 특성을 강조하고 있다. 산스크리트어에서는 '우팔라 (upala)'라고 불리는데, 이는 단순하게 '보석' 을 뜻하는 말로 보석으로서의 귀한 가치를 강조하는 이름이다.

또한 오팔의 한자명인 '단백석'은 오팔의 특징적인 우윳빛 빛깔을 잘 표현하고 있으며, 외형적인 아름다움을 상징적으로 나타낸다. 오팔의 특별한 빛깔 변화와 아름다움은 여러 문화권에서 감탄의 대상이었음을 다양한 어원에서도 알 수 있다.

### ■ 오팔의 빛나는 역사

오팔은 상당히 오랜 역사를 지닌 귀한 보석으로 역사의 다양한 장면들에 등장한다. 고고학자 Louis Leakey는 케냐의 동굴에서 6천여년 전에 만들어진 오팔 공예품을 발견하였는데, 이것은 오팔의 존재가 아주 오래전부터 인간의 관심을 끌었음을 증명한다.

또한 아메리카의 고대문명 유적지에서도 오팔이 발견되었는데 아즈텍인들은 남미와 중미 지역에서 오팔을 채굴하였으며 이 사실은 그들이 오팔의 아름다움과 가치를 중요시했다는 것을 보여준다.

1863년에 호주에서 금을 찾던 사람들에 의해 최초로 값어치 있는 오팔이 발견되었고, 이후 화이트 클리프 지역의 광산들은 1890년에 오팔 채굴을 시작하였다. 이것은 호주가 오늘날 세계적으로 유명한 오팔 채굴지로 자리 매김하는 계기가 되었다.

### ■ 로마 문화에서의 오팔

로마인들은 오팔을 '큐비트 비데로스'라 칭하며 미의 상징으로 여겼다. 고대 로마의 박물학자 프리니우스는 오팔을 루비의 불꽃, 자수정의 고귀한 자색, 에메랄드의 바다 같은 푸르름이 혼연일체로 어우러진 특별한 보석이라 설명하며 이에 대한 찬사를 아끼지 않았다. 또한 로마인들은 오팔을 희망과 청순, 신과 인간 사이의 사랑을 상징하는 보석으로 여기기도 했다. 오팔을 몸에 지니면 모든 병마로부터 보호받을 수 있다고 믿었으며, 'orphanus'라는 이름을 가진 오팔은 로마 황제들의 왕관에 세팅되어 황실의 명예를 수호하는 의미로 여겨졌다.

■ 동양 문화에서의 오팔

동양 문화권에서 오팔은 진실하고 신성한 보석으로 높이 평가되며, 순수하고 진실한 마음을 지닌 사람들의 안전과 안녕을 보호하고 운명의 길을 개척하여 행운을 가져다 준다고 믿어져 왔다. 또한 일부에서는 오팔을 권위와 지혜의 상징으로 간주, 지적인 힘과 통찰력을 부여하는 보석으로 귀하게 여겼다.

■ 유럽 중세에서의 오팔 : 믿음과 전설의 보석

중세 시대 유럽에서는 오팔이 시력에 도움이 된다는 믿음 때문에 ophthalmios 혹은 아이 스톤(Eye stone)이라 불렸다. 또한, 금발의 여인이 오팔 목걸이를 걸면 머리색이 변하지 않는다고도 믿었다.

■ 오팔의 황금시대

1863년, 호주에서 발견되어 화이트 클리프 지역에서 본격적으로 채굴된 오팔은 당시 대영제국 빅토리아 여왕의 주목을 끌었다. 여왕은 오팔이 보석들의 다양한 색을 담고 있기에 모든 보석의 효과를 한꺼번에 누리게 해주어 큰 행운을 가져다준다고 믿었다. 빅토리아 여왕은 딸들의 결혼에 행운의 상징으로서 오팔을 선물하여 당시 왕족과 귀족 사회의 새로운 유행으로 만들었다.

## (3) 오팔(단백석)의 힐링에너지

오팔은 결정구조가 없는 비결정질의 보석으로, 우리의 삶에 긍정적인 변화를 가져다주는 강력한 힘을 지니고 있다. 특히 10월의 탄생석으로, 사랑, 충성, 평화, 성실, 의식과 관련된 감정을 더욱 강화시키는데 도움을 준다. 이 보석은 우리의 진정한 자아를 찾고, 우주의 신비로운 비전을 엿볼 수 있도록 유도하여 모든 종류의 관계에서 부드러움과 친절을 더하며, 인간관계를 더욱 풍요롭게 만들어준다.

■ 치유의 동반자

오팔은 다양한 색과 의미를 가지며, 풍수와 밀접한 관련이 있다. 고대 문화에서는 이 보석을 가장 요염하고 신비로운 것으로 여겨져 왔으며, 주술가의 스톤으로 불리며 다른 사람들의 부정적인 에너지를 흡수하지 않도록 하는 방패역할을 하기도 했다. 또한, 물리치료 및 수치료 등 물을 사용하는 사람들에게 유용한 스톤으로 알려져 있다.

오팔은 지구의 에너지장을 안정화하고 치유와 고갈을 복구하여 에너지를 공급하고 안정화하는데 필요한 인도주의적인 사랑, 봉사, 자발성, 역동적 창의성을 고무시키는 중요한 결정체로 우리의 긍정적인 감정과 행동을 조절하여 진실한 선의 마음을 강화하고 잠재력을 최대로 발휘하는데 도움을 준다.

신체적으로는 시력을 개선하고 유지하는데 도움을 주며, 눈, 머리카락, 손톱, 피부의 건강에 유익하다. 또한 감염 분산, 혈액 정화, 인슐린 생성, 신경 전달 물질 장애, 여성 호르몬 문제, 갱년기 문제, 출산의 두려움을 줄이는 데 효과적으로 작용한다.

오팔은 진정한 자아를 찾고자 하는 사람들에게 통찰력을 제공하고 부정적인 감정을 정화하며 몸을 진정시키고 감정을 통제할 수 있도록 도와주고 다양한 색상을 통해 차크라를 활성화하고 크라운 차크라에 스펙트럼 빛을 주입하는데 유용하다. 오팔은 우리가 더 나은 삶을 원할 때, 스스로 변화를 이루어야 한다는 인내와 동기를 주는 동반자이다.

## 차크라 위치

가슴 차크라

## 오팔 힐링효과

눈, 머리카락, 손톱 및 피부건강, 시력보호, 여성호르몬, 갱년기, 출산두려움, 악몽, 폐, 비장

## (4) 오팔(단백석)의 오라에너지

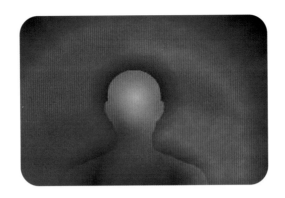

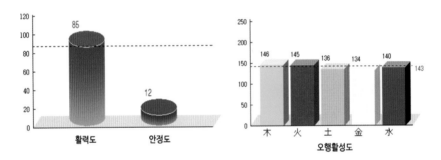

「 오팔을 착용하기 전의 오라에너지 」

　오팔은 화려함과 색의 변화무쌍함으로 많은 사람들에게 사랑받는 보석 중 하나다. 최근에 이 보석이 단순한 장식품을 넘어서, 개인의 에너지를 조화롭게 만들어줄 수 있다는 가능성을 확인하는 실험을 진행하였다.

　보석에 그다지 관심이 없던 30대 중반 여성이 오팔을 착용하기 전후 변화를 오라에너지로 측정하였는데 보석을 착용하기 전 이 여성에게는 붉은 오라에너지가 나타났다. 긴 시간 축적된 임상 데이터 분석에 따르면, 붉은 오라에너지는 피로가 누적되거나 과민한 심리 상태를 가진 사람들에게서 주로 나타난다. 이에 다양한 종류의 보석을 테스트하여 오라에너지의 변화를 시도해 보았으나, 원하는 결과를 얻기는 쉽지 않았다.

　세포는 외부 자극에 반응해야 하고 그에 따른 컬러 변화가 나타나야 하지만, 이 여성의 경우에는 에너지가 고착되어 변화가 잘 드러나지 않았다.

　실험을 진행하는 과정에서, 뒤늦게 이 여성이 최근 피부 트러블로 인해 스테로이드계약을 복용중이라는 사실이 밝혀졌다. 임상 데이터에 따르면 약물 복용중인 상태에서는 아무리 강하게 자극해도 오라에너지의 변화를 기대하기 어렵다는 것을

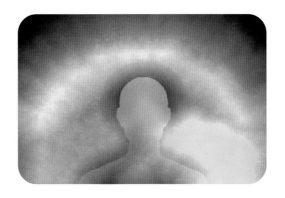

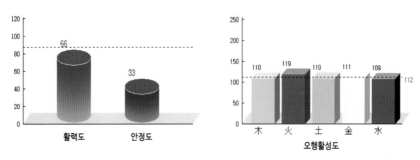

「 오팔을 착용한 후의 오라에너지 」

알 수 있었다. 이에 실험을 잠시 중단하고, 여러 보석을 차례로 착용해 보며 각각의 에너지를 깊게 느껴보는 시간을 가졌다.

오팔로 만든 팔찌를 착용했을 때, 이 여성은 호흡이 편안해지는 느낌을 받았다고 한다. 이에 다시 오라에너지 측정을 시도한 결과, 놀라운 변화가 나타났다. 안정도 값이 12에서 33으로 크게 상승하며, 전반적인 에너지 균형이 좋아진 것이 확인되었다. 이에 따라, 여성은 며칠간 오팔 팔찌를 대여하여 계속 착용하였다.

2주 후, 이 여성은 실험실을 재방문했고, 그 사이 피부 상태가 크게 개선되어 있었다. 약물 치료의 효과일 수도 있지만, 오팔을 착용한 팔과 착용하지 않은 팔의 피부 톤이 확연히 달라 보였으며, 오라에너지도 더욱 균형 잡힌 상태였다. 이를 통해, 이 여성은 오팔 에너지에 큰 신뢰를 가졌고, 다양한 오팔 제품을 구매하여 사용하기 시작했다. 그녀는 팔찌뿐만 아니라 목걸이, 귀걸이 등 다양한 형태의 오팔 보석을 착용하며, 일상생활에서의 기분과 컨디션이 긍정적으로 변화되고 있다고 전해왔다.

# 5

## 로즈쿼츠 _ 장미쿼츠
### ROSE QUARTZ

(漢)紅水晶, (中)芙蓉石, (영)Rose Quartz, Pink Quartz

## (1) 로즈쿼츠(장미쿼츠)의 보석학적 특성

| 색 | 핑크색 | | |
|---|---|---|---|
| 투명도 | 반투명~아투명 | 경도 | 7 |
| 비중 | 2.66 | 강도 | 좋음 |
| 결정정계 | 육방(삼방)정계 | 화학성분 | 이산화규소($SiO_2$) |
| 발색원소 | 티타늄 | 내포결정체 | |
| 확대검사 특징 | 이상 내포물, 액체 내포물 | | |
| 주산지 | 독일, 헝가리, 인도, 이란, 일본, 마다가스카르, 멕시코, 스리랑카(실론), 남아프리카공화국, 영국(스코틀랜드), 스페인, 스위스, 우루과이, 미국, 러시아 | | |
| 탄생석 | 1월 | 보석말 | 사랑과 화평, 치유 |
| 별자리 | 황소자리 (4월20일~5월20일) | | |
| 보관 및 관리 | 초음파 세척은 일반적으로 안전하고, 스팀 세척을 피하고, 미지근한 비눗물에는 안전함 | | |
| 주요 차크라 | 가슴 | 별칭 | 아프로디테의 보석 |

## (2) 로즈쿼츠(장미쿼츠)의 어원과 역사적 고찰

■ 장미빛을 담은 스톤

로즈쿼츠(Rose Quartz)는 '투명하고 맑은 것'을 의미하는 그리스어 'Hyalos' 에서 파생된 '하이얼레인(Hyaline) 쿼츠'에서 유래되었으며, 장미와 같은 분홍 색을 띠어 '로즈(Rose)'라는 단어가 앞에 붙게 되었다. 로즈쿼츠는 다양한 지 역과 문화에서 여러 이름으로 불려왔는데, 보헤미아 지역에서는 '보헤미안 루비 (Bohemian Ruby)'로 불렸으며, 우리나라에서는 '장미쿼츠' 또는 '홍수정' 으로 도 알려져 있다.

■ 아름다움의 오랜 역사와 상징성

로즈쿼츠는 오랜 역사를 자랑하는 보석 중 하나로, 기원전 3000년 경 메소포타 미아 지역에서 구슬 모양으로 처음 발견되었다. 기원전 800~600년 경에는 아시 리아인들이 로즈쿼츠로 장식품을 만들었으며, 이로 인해 로즈쿼츠가 아시리아 문 화와 함께 로마 문화에도 소개되었다고 추측되고 있다.

예로부터 아름다움을 강조하는 보석으로 여겨지던 로즈쿼츠는 주름을 예방하고 피부를 밝고 건강하게 유지한다고 믿어져 왔다. 로마인과 이집트인들은 전통적으 로 미용과 아름다움의 상징으로 사용하였으며, 이집트의 미라가 묻힌 무덤에서도 로즈쿼츠가 출토되기도 했다.

■ 로즈쿼츠의 아름다운 상징

2022년 칸영화제에서는 특별한 소재의 황금종려상 트로피가 많은 이들의 주목을 받았다. 무조건적인 사랑을 상징하는 반투명한 옅은 핑크색의 로즈쿼츠로 제작된 트로피는 표면에 19개의 종려나무 잎사귀를 배치하여 아름다움과 고귀함을 유감없이 보여주었다. 이렇듯 로즈쿼츠는 오랜 역사와 아름다움을 상징하는 보석으로서, 그 가치를 지속적으로 인정받고 있다.

## (3) 로즈쿼츠(장미쿼츠)의 힐링에너지

옅은 분홍색을 띠며 반투명한 투명도와 유리광택을 가진 로즈쿼츠는 사랑과 연민의 보석이다. 이 아름다운 보석은 모두의 마음을 사로잡는 붉은 색조를 통해 부드럽고 여성스러운 순수한 사랑이 스며 들게 만든다. 로즈쿼츠는 보편적인 사랑의 의미를 담고 있으며, 그 치유력은 무궁무진하다. 이 보석은 항상 가까이 두고 싶은 마음을 일깨워주며, 가족, 친구, 연인, 배우자, 동료와의 의사소통에 매우 친밀한 유대감을 형성하게 한다. 로즈쿼츠는 우리 자신에 대한 관리와 사랑의 힘을 끌어올리는데 도움을 주며, 마음속에 따뜻한 연민의 빛을 불어넣는다.

비 온 뒤의 일출이나 겨울 차가운 눈 위에 내려앉은 따스한 햇살처럼 로즈쿼츠는 로맨스와 예술에 긍정적인 영감을 불러온다. 아름다운 로즈쿼츠의 결정은 이른 새벽에 느껴지는 창백함과 실크보다 부드러운 느낌으로, 맑은 물처럼 보이게 한다. 로즈쿼츠는 사랑과 치유, 유대감을 상징하는 스톤으로서, 우리 삶에 아름다움과 긍정적인 변화를 가져다준다. 이 보석을 소유하면 그 안에 담긴 순수한 감정과 사랑의 힘을 느낄 수 있다.

### ■ 로즈쿼츠의 에너지

로즈쿼츠는 정서적으로 심장 차크라와 깊게 연결되어 있으며, 깊은 상처로 인한 고통이나 외상으로 부터 심장이 치유되도록 연민과 보살핌을 제공한다. 하트 스톤이라고도 불리며, 더 많은 사랑을 원하는 사람들에게 어머니의 따뜻함과 같은 감

정을 전달하는데 탁월한 역할을 한다. 로즈쿼츠는 자아를 찾고 치유하는 과정을 돕고, 잠재력을 높이기를 원하는 사람들에게 특히 유용하기에, 이 보석의 에너지가 필요한 사람은 진동 에너지가 스며들도록 가까이 두는 것이 필요하다. 또한, 로즈쿼츠는 아름다운 치유력을 자랑하며 심장 치료사라는 별칭을 가진 스톤으로 혈전증 및 심장마비를 예방하고 순환계를 개선하며 심장 근육이 부드럽고 강해지는 데에 도움을 준다. 깊은 여성 에너지를 가진 로즈쿼츠는 여성의 임신과 산모와 태아를 보호하는데 도움을 주며, 인간관계에 깨지지 않는 절대적 유대감을 갖게 하여 사랑의 에너지가 물처럼 흐르도록 격려하는 친절한 스톤이다.

■ 로즈쿼츠를 이용한 셀프케어법

고대 이집트에서 노화 치료로 선호되었던 로즈쿼츠를 현대의 뷰티 루틴에 적용하고자 한다면, 장미 꽃이 담긴 물에 크리스털을 담그고, 햇빛에 노출시켜 아침과 저녁에 미스트로 뿌린다. 이를 통해 여성은 피부를 맑게 하고 주름을 예방할 수 있다. 또한 가정, 사무실 등 공간의 에너지 정화를 위해 로즈쿼츠를 장식용으로 활용하기도 한다. 이러한 방식으로 마음의 공간에 사랑이 더욱 넘치게 하여 스스로를 아낄 수 있도록 도와준다.

## 차크라 위치

→ 가슴 차크라

## 로즈쿼츠 힐링효과

심장, 산후 우울증, 면역력, 혈전증, 심장마비, 순환계

## (4) 로즈쿼츠(장미쿼츠)의 오라에너지

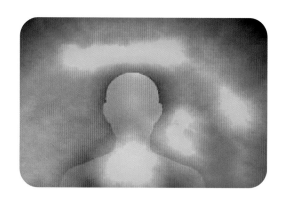

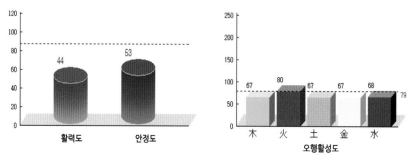

「 로즈쿼츠를 착용하기 전의 오라에너지 」

　로즈쿼츠는 많은 사람들에게 사랑과 평화의 상징으로 여겨지는 보석이다. 그 아련한 분홍빛은 보는 이로 하여금 마음의 온기를 느끼게 하며, 단순히 미적인 차원을 넘어서 심신의 치유에 이르기까지 다양한 긍정적인 영향을 줄 수 있다고 알려져 있다. 이러한 로즈쿼츠의 효과를 실질적으로 확인할 수 있는 실험을 그동안 많이 진행해왔는데 그중 한 사례를 소개하고자 한다.

　실험의 주인공은 30대 초반의 남성으로, 웹디자이너로서 직장 생활 중 겪은 고도의 업무 스트레스와 그로 인해 발생한 문제들로 인해 상당한 정신적·감정적 고통을 겪고 있었다. 특히, 스트레스가 원인이 되어 여자 친구와 헤어지게 됨으로써 그는 큰 충격을 받았고, 결국 직장마저 그만두게 되었다. 이후 프리랜서로 생활했지만, 불규칙한 생활과 술을 통한 임시적인 해소법은 그의 건강에도 악영향을 끼쳤다.

　그는 자신의 문제를 해결하기 위해 다양한 방법을 모색하게 되었고, 그 과정에서 아로마테라피와 보석 치료에 관심을 갖게 되었다. 특히 자몽 에센셜 오일에 대해 긍정

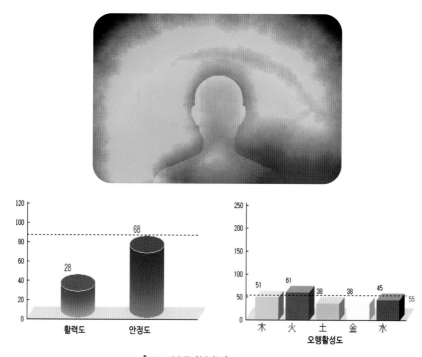

「 로즈쿼츠를 착용한 후의 오라에너지 」

적인 반응을 보인 후, 그는 치유의 과정에서 사용할 보석을 선택하게 되었다. 그는 긴 고민 끝에 로즈쿼츠를 선택했 는데, 로즈쿼츠는 전통적으로 여성들에게 인기 있는 보석이지만, 그에게는 특별한 안정감과 따뜻함을 제공한 것으로 보인다.

실험 전 오라에너지 측정에서는 붉은 주황색, 보라색 그리고 파란색이 함께 나타나는 복잡한 에너지 패턴을 보였다. 이러한 다채로운 오라는 일반적으로 에너지 흐름이 원활하지 않음을 나타내며, 마음이 복잡하고 다양한 생각에 사로잡혀 있음을 의미한다. 그러나 로즈쿼츠를 사용한 후의 오라에너지 측정 결과는 매우 다른 패턴을 보였다. 실험 후 측정된 그의 오라는 훨씬 더 단순하고 집중된 에너지 패턴을 보였으며, 주로 그린과 블루 색상으로 안정된 흐름으로 변화하였다. 이러한 색상 변화는 그가 경험한 평온함과 안정감이 실제로 그의 생체 전자기장에 긍정적인 변화를 가져왔음을 보여준다.

# 6

## 루비_
### RUBY

(漢)紅玉, (中)红宝石, (영)Ruby, Red Corundum

## (1) 루비의 보석학적 특성

| 색 | 적색, 적자색, 적등색, 적갈색 | | |
|---|---|---|---|
| 투명도 | 투명~불투명 | 경도 | 9 |
| 비중 | 4 | 강도 | 우수 |
| 결정정계 | 육방(삼방)정계 | 화학성분 | 산화알루미늄(Al$_2$O$_3$) |
| 발색원소 | 크로뮴(크롬) | 내포결정체 | 종종 루틸, 보웨나이트, 지르콘 |
| 확대검사 특징 | 실크, 침상, 이상 내포물, 지문상 내포물, 색대 | | |
| 주산지 | 태국, 미얀마(버마), 스리랑카(실론), 캄보디아, 케냐, 아프가니스탄, 인도, 파키스탄, 탄자니아, 모잠비크 | | |
| 탄생석 | 7월 | 보석말 | 열정, 인애, 위엄, 애정, 용기, 정의, 사랑, 평화 |
| 별자리 | 염소자리(12월21일~1월20일), 사자자리(7월23일~8월22일) | | |
| 보관 및 관리 | 일반적으로 초음파와 스팀 세척에 안전하고, 미지근한 비눗물에도 안전함 | | |
| 기타 | 스타(성채) 효과, 화요일, 오후 5시, 여름, 15주년 또는 40주년 결혼기념석, 행성 중 태양 | | |
| 별칭 | 보석의 왕 | 주요 차크라 | 뿌리 |

## (2) 루비의 어원과 역사적 고찰

■ 루비의 어원

루비라는 말의 어원은 붉은색을 뜻하는 라틴어 'Rubeus'에서 유래되었다. 이 용어의 가장 오래된 기록 중 하나는 기원전 5~4세기에 만들어진 산스크리트어 'Ruber'에서 비롯되었으며, 중세 라틴어에서 형용사 'rubinus'로 변형되었고, 이 어서 명사 'rubrum'으로 파생된 뒤 'Ruby'로 진화하였다.

■ 루비의 의미

오랜 옛날부터 루비는 태양을 상징하는 신비한 스톤으로 숭앙되었다. 고대인들은 루비를 불사조가 보석으로 재탄생한 것이라 믿었다. 또한 고대 인도의 브라만교 교리에서 루비는 천국을 비추는 보석으로 일컬어지기도 한다. 구약 성서에서는 노아의 방주를 밝혀주는 붉은 포도주빛 보석을 가닛 혹은 루비로 추정하기도 하며,

천국이나 생명과 관련된 수호 보석 및 성스러운 보석으로 간주, 축복의 상징으로 여기기도 했다. 기독교 중심의 중세 시대에는 사람들이 영적인 힘이나 보석이 가진 신비한 힘을 믿어 루비, 사파이어 등을 목걸이, 반지, 팔찌 등에 부착하여 부적처럼 지니고 다녔다.

### ■ 루비의 역사

기원전 543년경, 스리랑카의 루비 광산에서 채굴된 루비와 사파이어는 에트루리아인들의 보석 수집에 의해 서양 보석 시장에 처음 등장했다. 기원전 200년부터 중국의 실크로드를 통한 루비 무역이 활발히 이루어지면서 아시아 지역에서 루비는 더욱 특별한 존재가 되었다. 루비는 실크로드 북쪽 길을 통해 운반되었는데 당시 중국의 귀족들은 붉은색의 루비가 자신을 보호해 줄 것이라 믿어 갑옷의 장식으로 사용하기도 했다. 서기 600년경에 미얀마의 모곡이 궁극적인 루비 매장지로 발견되어 전 세계 루비 공급의 대부분을 담당하고 있다.

### ■ 보석의 왕, 루비

15세기 유럽에서 루비는 보석의 왕이라 불리며 대대적으로 애용되었다.

1300년 룩셈부르크의 까를 4세의 왕관이 무려 250캐럿의 루비로 장식되었으며, 유럽 궁중의 황금시대를 사는 왕이나 왕족들은 자신들의 초상화를 루비로 치장하기도 했다. 이러한 왕족들에는 영국 왕실의 헨리 8세, 엘리자베스 1세, 제임스 1세가 포함되며, 루비는 그들의 화려한 복식과 왕관을 장식하는 중요한 역할을 하게 되었다.

14세기 이전에는 사파이어가 루비에 비해 더 사랑받았으나, 15세기에 들어서면서 루비가 더욱 귀중한 보석으로 대접받기 시작했다. 이 시기를 기점으로 왕실의 다양한 복식과 왕관에 사용되는 루비의 양이 현저하게 늘어났다.

유명한 루비로는 에드워드 루비(167캐럿, 영국 자연사 박물관 소장), 레비스 캐보션 컷의 스타 루비 (138.7캐럿, 미국 스미스소니언 박물관 소장), 롱 스타 루비 (100캐럿, 미국 뉴욕 자연사 박물관 소장) 등이 있다. 오늘날 루비는 각국의 왕실 주얼리 컬렉션의 한 부분을 담당하고 있으며 그 신비한 빛과 아름다움은 시대를 초월하여 인정을 받고 있다.

## (3) 루비의 힐링에너지

루비의 붉은색은 사랑과 정열, 용기를 상징하며, 제1 차크라의 밸런스를 찾도록 도와준다. 루비의 에너지는 우리가 겪는 성적인 문제를 해결하는데 도움을 주며, 사람들을 끌어들이는 힘을 부여하고 리더십을 촉진시킨다. 또한, 타인이 정열적인 사랑과 일을 이룰 수 있도록 지원하며, 타인에게 침해받는 마음의 영역을 극복하고 여러 어려움과 위험을 극복하는데 필요한 원천적인 에너지를 자극한다.

■ 루비의 다면적 매력
오랜 역사 동안 다양한 문화와 신화에서 중요한 보석으로 간주되어 온 루비는 정서적, 신체적, 그리고 심지어 예언적인 측면에서 독특한 특성을 지니고 있어 많은 이들에게 끊임없는 매력을 뽐내고 있다.

정서적인 영역에서 루비를 몸에 지니면 지혜, 건강, 부를 얻고 불안함과 두려움을 없앨 수 있다고 믿었다. 루비의 에너지는 긍정적인 정서와 동기부여를 높이는데 도움을 주며, 현실적인 목표 설정과 자발적인 행동을 촉진하는데 기여하며, 루비의 붉은색은 용기와 힘의 상징으로 간주되고, 리더십의 징표로도 인식된다.

루비는 신체적인 측면에서도 강력한 효과를 지닌다. 루비의 에너지는 피로와 무기력을 극복하고 동기부여의 마음을 갖도록 자극하고, 혈액 정화에 도움을 주며 독사에 물린 상처치료, 해독제, 콜레라와 같은 질병으로부터 몸을 보호하는 효과를 가지고 있다. 또한 루비는 피를 맑게 해주는 스톤으로 불리며 슬픔이나 아픔을 완화시켜 진정시키는 역할을 한다고 전해진다.

루비는 예언적인 상징으로서도 주목받는 보석 중 하나이다. 이 보석은 많은 문화에서 예언과 미래 예측과 관련된 역할을 수행하는데 사용되어 왔는데, 특히 주목성이 뛰어난 루비의 붉은색은 경고의 의미를 지니며 이러한 특성으로 붉은색 루비는 미래의 사건을 예견하는 신호로 사용되었다.

## 차크라 위치

뿌리 차크라

## 루비 힐링효과

피로, 무기력극복, 재생, 성에너지 활성화, 혈액정화, 해독제, 콜레라예방

## (4) 루비의 오라에너지

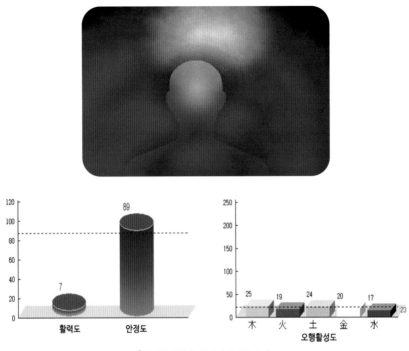

「 루비를 착용하기 전의 오라에너지 」

50대 중반의 한 여성이 주인공인 이야기다. 그녀는 직장에서 막중한 업무를 책임지며, 고등학생 두 자녀를 키우는 동시에 병든 시부모님을 돌보고 있었다. 바쁘고 힘들게 살아가던 그녀에게 설상가상으로 어느 날 덜컥 암 진단과 시한부 생명이라는 가혹한 현실이 찾아왔다. 자신의 건강을 돌볼 틈도 없이, 계속해서 과중한 업무와 가정의 책임을 지며 살아가던 그녀의 오라에너지의 활력도는 매우 저조한 상태였다. 특히, 생명 에너지 순환과 관련된 화(火19) 에너지가 목(木25) 에너지와 토(土24) 에너지에 비해 현저히 낮은 상태였다.

26년에 걸친 오라에너지에 대한 임상 데이터에 따르면, 이러한 화(火) 에너지의 패턴은 심장 에너지를 보살펴야 한다는 예방의학적인 신호로 해석된다. 따라서 이

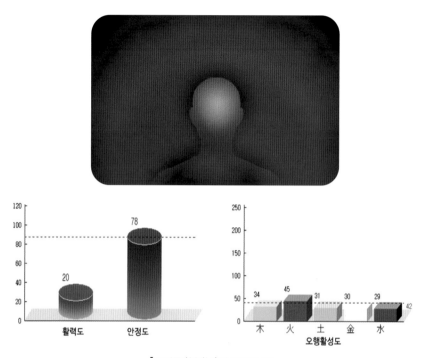

「 루비를 착용한 후의 오라에너지 」

는 균형을 회복하고 생명력을 증진시키기 위한 힐링이 절실히 필요한 에너지 패턴
이다.

이 여성은 루비 보석을 착용하고 약 10분 후에 오라에너지를 재측정했으나, 변
화를 발견할 수 없었다. 그러나 15분 더 착용한 후 다시 측정해보니 놀라운 변화가
나타났다. 그녀의 활력도는 7에서 20으로 상승했고, 특히 염려되었던 화(火) 에너
지는 19에서 45로 크게 상승했다. 이는 지구 깊은 곳에서 고열과 압력을 견디며
자라난 루비가 지닌 활력 에너지가 그녀에게 긍정적인 영향을 준 결과가 아닐 수
없다.

# 7

# 백수정 _
## ROCK CRYSTAL

(漢)白水晶, (中)水晶, (영)Rock crystal

## (1) 백수정의 보석학적 특성

| 색 | 무색 | | |
|---|---|---|---|
| 투명도 | 투명~아투명 | 경도 | 7 |
| 비중 | 2.66 | 강도 | 좋음 |
| 결정정계 | 육방(삼방)정계 | 화학성분 | 이산화규소($SiO_2$) |
| 확대검사 특징 | 이상 내포물, 액체 내포물 | | |
| 주산지 | 독일, 헝가리, 인도, 이란, 일본, 마다가스카르, 멕시코, 스리랑카(실론), 남아프리카공화국, 영국(스코틀랜드), 스페인, 스위스, 우루과이, 미국, 러시아 | | |
| 탄생석 | 4월 | 보석말 | 분명, 정렬, 침착 |
| 별자리 | 사자자리 (8월 11일 ~ 9월 16일), 염소자리 (12월 25일 ~ 1월 19일) | | |
| 보관 및 관리 | 초음파 세척은 일반적으로 안전하고, 스팀 세척을 피하고, 미지근한 비눗물에는 안전함 | | |
| 기타 | 월요일, 15주년 결혼기념석 | | |
| 별칭 | 마스터 힐러 | 주요 차크라 | 크라운 |

## (2) 백수정의 어원과 역사적 고찰

■ 크리스털의 어원과 신화적 기원

백수정(Crystal)의 명칭은 그리스어에서 유래되었으며, 이 보석의 바깥 부분이 얼음과 유사하다고 생각되어 '얼음'을 의미하는 크루스탈로스(Krustallos)라는 명칭에서 비롯되었다. 그리스 신화에 의하면 크리스털은 신들의 눈물이다. 천상, 혹은 올림프스 산의 신들이 지구(혹은 인간)를 위하여 흘린 신성한 눈물이 땅으로 떨어져 굳은 것이 크리스털이라는 것이다.

■ 백수정의 신비로운 역할

백수정은 특유의 투명하고 순수한 아름다움으로 정신을 집중시키고 정신적 경험을 향상시키는데 활용되었다. 마야 문명의 유적에서는 인간의 두개골을 모방한 수정 해골이 발견되어 큰 주목을 받았으며, 고대 이집트에서는 미라 매장 시 수정을 미라 위에 놓아두는 등 종교적 의식에서 수정의 의미를 중요하게 여겼다. 특히 중세 시대에는 백수정을 통해 별자리나 천문 현상을 관찰하고, 그것들을 개인의 운명이나 미래를 예측하는 신비한 예감으로 해석하는, 예술과 과학의 결합에 큰 역할을 하였다.

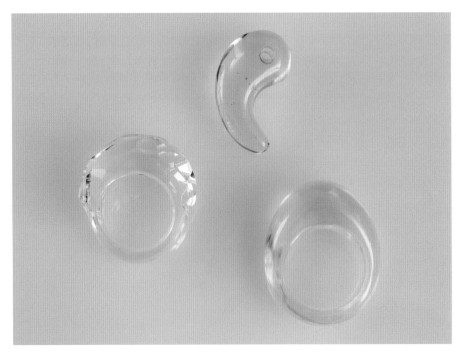

■ 현대의 다양한 활용과 중요성

　뛰어난 투명도와 순수함을 지닌 백수정은 오늘날에는 보석이나 장식품을 넘어 과학기술 분야에서도 광범위하게 쓰인다. 렌즈 제조, 유리 제조, 정밀 기기의 부품 등 다양한 용도로 사용되며 세계적으로 널리 채굴되어 다목적으로 활용된다.

　크리스털은 뛰어난 미적 가치와 다재다능함으로 역사적으로 현대적으로 상당히 중요한 역할을 해오고 있다.

## (3) 백수정의 힐링에너지

지구의 기원만큼 오래된 백수정은 원석 중 가장 다양한 용도로 활용되는 귀중한 보석이다.

이 보석은 자연환경에서 다양한 과정을 거쳐 형성되었으며, 물에서 형성된 백수정의 분자 구조는 사면체로 되어 있어 주변 환경과의 균형을 유지하는데 도움을 준다. 또한, 백수정은 크기 보다는 그 구성에 따라 다양한 에너지를 발산하는 특징을 가지고 있으며, 이러한 에너지는 생명체에 유익하며, 미네랄과 금속을 함께 포함하고 있어 다양한 색상을 띄는 대표적인 보석이다.

■ 치유의 스톤

아름다운 크리스털 백수정은 치유의 스톤으로서 긴 역사를 자랑한다. 정화 작용이 뛰어난 백수정은 정신적, 육체적 상태 모두에 긍정적인 영향을 미칠 뿐만 아니라, 현대 사회의 혼란스러운 환경에서 그 중요성이 더욱 부각되고 있다. 복잡한

일상과 인간관계의 혼란 속에서 우리의 삶을 단순화하고 순수함을 유지하는데 도움을 주며 보석의 투명한 빛은 우리 내면을 깨끗하게 비추어 맑은 호수, 깨끗한 유리창, 맑은 하늘과 같은 이미지를 상상하게 함으로써 내면의 정화를 이루도록 돕는다.

■ 백수정의 정서적 치유와 강화

정서적으로 백수정은 그 어떤 목표나 열망에 대한 열정을 증폭시켜주는 보석이다. 그 다양한 선명도와 빛깔은 잊혀진 기억을 살려내며 집중력을 고취시켜 균형을 찾도록 돕는다. 긍정적인 진동과 깊은 영적 에너지는 내면의 평화와 영적 충전을 제공하여, 사람들에게 인내와 번영을 가져다 준다. 또한, 백수정은 부정적인 에너지로부터 우리를 보호하고 긍정적인 영향을 더욱 강화하는 방패와 같은 역할을 수행한다. 이 보석은 우리가 새로운 목표와 열망에 집중할 수 있도록 마음의 여유를 확보하며 신체와 정신의 균형이 무너진 경우 강력한 진동 에너지와 치유 능력을 통해 스스로를 정화하고 균형을 회복하는데 도움을 준다.

치유가 필요한 사람들의 특징에 맞게 작용하여 신체기관과 미묘한 몸을 정화하고 강화하며, 깊은 영혼의 정화 작용을 통해 마음을 물리적으로 채우고 영적으로 연결하는 영혼의 정화제 역할을 한다.

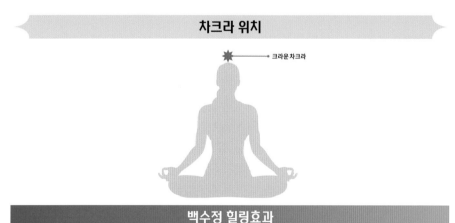

**차크라 위치**

크라운 차크라

**백수정 힐링효과**

영적성장, 재생, 면역력, 신진대사, 독소제거, 인지능력 및 기억력 향상

## (4) 백수정의 오라에너지

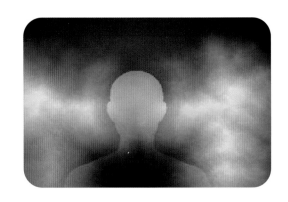

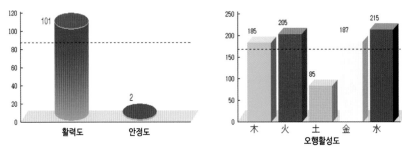

「 백수정을 착용하기 전의 오라에너지 」

　백수정은 오랜 시간 마법의 도구로 여겨져왔으며, 그 신비로운 힘에 대한 이야기가 세대를 거쳐 전해져왔다. 이러한 전설적인 이야기들은 때때로 과학적 근거가 부족한 단순한 미신으로 치부되기도 했지만, 최근 진행된 한 임상 실험은 이러한 전통적인 믿음에 대해 다시 한 번 생각해보게 만들었다.

　이번 임상 실험 대상은 20대 후반의 남성이었다. 이 남성은 어느 날부터 자주 가위에 눌리는 현상과 악몽에 시달렸으며, 점점 체력과 활력을 잃어가고 있었다. 병원의 여러 검사를 통해 특별한 병명은 발견되지 않았지만, 눈 밑에 짙은 다크서클이 생기고, 소화 기능의 저하, 목과 허리의 불편함 등 다양한 증상이 나타났고, 몸이 마치 물에 잠긴 듯 무겁게 느껴지는 등의 불편함을 호소하였다. 이러한 이상 증세의 원인을 찾기 위해 상담을 진행하던 중, 몸에 이상 증세가 시작된 것이 3년 전 친구의 장례식장에서 술을 마시고 잠들었을 때부터라는 것을 알게 되었다. 그 당시

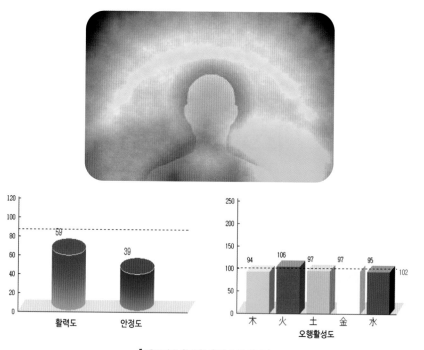

「 백수정을 착용한 후의 오라에너지 」

처음으로 가위에 눌리는 경험을 했고, 그 이후로 컨디션이 나빠질 때마다 습관적으로 가위눌림 증상이 나타났다는 사실을 인지하게 되었다.

생체 전자기장을 측정하는 오라에너지 측정기로 이 남성의 오라에너지 전후비교 실험을 진행했다. 여러 보석 중에서도 백수정을 착용하기 전과 후의 오라를 비교해 본 결과, 백수정을 착용한 후 오라에너지의 반응이 특히 긍정적으로 나타났다. 내담자는 백수정 목걸이를 착용한 후 평소 무거웠던 어깨가 가벼워지는 변화를 선명하게 경험하였으며, 마치 짊어진 바위를 내려놓은 듯한 기분이 들었다고 표현하였다. 이는 백수정이 지닌 정화 효과와 그 에너지가 가져온 변화로 볼 수 있다. 이러한 경험을 통해 내담자는 수정의 정화력과 보석이 지닌 에너지 세계에 대해 깊은 신뢰와 관심을 갖게 되었다. 또한, 일상 속에서 의식주 관리와 에너지 관리를 잘 해야겠다는 생각을 하게 되었다며 오라에너지 체험에 대해 감사의 말을 전해왔다.

# 8

# 재스퍼 _ 벽옥
## JASPER

(漢)碧玉, (中)碧玉, (영)Jasper

## (1) 재스퍼(벽옥)의 보석학적 특성

| 색 | 다양(주로 갈적색, 황색 등) | | |
|---|---|---|---|
| 투명도 | 반아투명~불투명 | 경도 | 6.5~7 |
| 비중 | 2.60 | 강도 | 좋음 |
| 결정정계 | 육방(삼방)정계 | 화학성분 | 이산화규소($SiO_2$) |
| 발색원소 | 철 등 | | |
| 주산지 | 독일, 이태리, 영국(스코틀랜드), 미국, 러시아 | | |
| 탄생석 | 3월 | 보석말 | 고상한 인품, 책임감, 수호 |
| 별자리 | 양자리 (3월 21일 ~ 4월 19일) | | |
| 보관 및 관리 | 일반적으로 초음파와 스팀 세척에서 안전하고, 미지근한 비눗물에도 안전함 | | |
| 기타 | 오후 10시 | 주요 차크라 | 뿌리 |

## (2) 재스퍼(벽옥)의 어원과 역사적 고찰

■ 재스퍼 이름과 특징의 다양성

재스퍼(Jasper)는 '점 또는 반점으로 된 스톤'을 의미하며, 고대 프랑스어 자스프리(jaspre)에서 유래되었다. 재스퍼는 아랍어, 아제르바이잔어, 페르시아어, 히브리어, 아시리아어, 그리스어, 라틴어 등 다양한 언어에서 그 이름을 찾을 수 있다. 벽옥은 다양한 색상과 패턴을 가지고 있으며, 얼룩무늬 안에 파편, 표범의 가죽, 새의 눈과 같은 반점이 특징이다.

■ 재스퍼의 역사적 중요성

재스퍼는 역사적으로 동서양의 여러 문화에서 특별한 의미와 중요성을 지닌다. 이 원석은 고대 그리스와 로마 사회에서부터 중세 시대, 아시아 문화에 이르기까지 오랜 세월 다양한 문화권에서 중요한 역할을 수행했다. 특히, 재스퍼는 고대 그리스와 로마 사회에서 소중하게 여겨졌다. 이것은 신성한 힘과 보호의 상징으로 전쟁 중에 사용되는 갑옷이나 방패에 새기면 전투에서의 행운을 가져다주는 스톤으로 여겨졌으며 신화와 전설에도 자주 등장하여 예술작품에도 많이 사용되었다.

중세 시대에 재스퍼는 기독교와 관련된 미술 작품에서 많이 활용되었다. 예수 그리스도 십자가의 핏방울과 성모 마리아와 다른 성인들을 묘사하는데에도 사용되었다.

중국에서는 재스퍼를 고귀한 행운의 스톤으로 여겨 왕실과 귀족들 사이에서 매우 중요한 보석으로 인식되었다. 인도에서는 재스퍼가 명상과 정신적 성장을 도와주는 도구로 활용되었으며 신성한 스톤으로 간주되어 다양한 종교적 의식과 의례에 사용되었다. 현대에 들어서도 재스퍼는 보석 시장에서 인기 있는 원석 중 하나이다. 다양한 색상과 패턴의 재스퍼는 세계 여러 지역에서 다량으로 채굴되어 보석 장식품보다는 실내 장식용품 또는 조각 예술 작품의 재료로 많이 사용된다. 또한 재스퍼의 정서적인 효과와 정신적인 지지를 믿는 사람들 사이에서도 인기를 얻고 있다.

## (3) 재스퍼(벽옥)의 힐링에너지

■ 열정과 보호의 상징

레드 재스퍼는 유리질 광택과 불투명한 투명도를 지닌 보석으로, 밝은 빨강에서 갈색을 띠는 붉은색을 가지고 있으며, 현실적인 접지와 열정, 그리고 보호의 의미를 상징한다.

붉은색의 레드 재스퍼는 매우 대담하면서도 미묘한 에너지를 풍기며, 뿌리 차크라와 아름답게 연결되어 지구와 깊이 접속되어 있는 보석이다. 이것은 높은 고도에서도 균형을 유지하고 체력, 용기, 내면의 힘을 부여하는데 도움을 준다. 레드 재스퍼는 영혼의 양육과 따뜻한 위로를 제공하며, 우리에게 의지가 필요한 순간에 최고의 힘을 주는 역할을 한다.

■ 치유와 균형의 상징

적색 재스퍼는 다량의 철분을 함유하고 있으며, 지구의 용융된 핵에 대한 기억을 통해 우리가 심장과 땅으로부터 견고하게 접지되어 있다는 것을 상기시켜 준다. 성경에서도 언급된 레드 재스퍼는 초대 대제사장 아론의 흉패 장식으로 사용되었으며 오랜 치유의 역사를 가진 부적과 같은 역할을 한다. 어머니 가이아와 밀접한 연결을 갖고 있으며 최고의 양육을 상징하는 레드 재스퍼는 우리의 정서적, 육체적, 웰빙을 향상시키는데 도움을 주며 삶의 균형을 찾도록 도와준다.

■ 에너지와 긍정의 힘

적색 재스퍼는 전자파, 스모그, 공해와 같은 위험을 예방하고 혈액순환을 강화하여 신체를 부정 에너지로부터 보호한다. 또한, 남녀 또는 개인의 성적 문제에도 도움을 주며 내면의 자신감과 열정 그리고 건강한 태도를 갖도록 능동적인 힘을 가져다준다. 재스퍼의 에너지는 정서적으로 혼란스러운 시기를 직시하고 스스로 치유하며 강해질 수 있는 힘을 부여하며 인생의 무기력함에서 벗어날 수 있도록 삶의 활력을 불러일으켜 긍정적인 마음을 갖도록 격려한다. 레드 재스퍼의 붉은색 에너지는 우리가 잠에서 깨어날 때 세상에 더욱 뿌리내릴 수 있도록 도와준다. 이 보석은 세상과 하나라는 인식을 통해 우리에게 더 긍정적인 마음을 갖도록 격려하며 끊임없이 '힘을 내세요' 라고 응원한다.

## 차크라 위치

→ 뿌리 차크라

## 재스퍼 힐링효과

빈혈, 순환계, 근육과 뼈, 심장

## (4) 재스퍼(벽옥)의 오라에너지

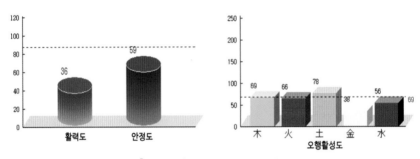

「 재스퍼를 착용하기 전의 오라에너지 」

　재스퍼는 활력을 전달해 주는 독특한 에너지와 온기로 잘 알려진 보석이다. 이번에 소개될 임상 사례의 주인공인 50대 초반의 여성은 젊은 시절부터 손발의 냉기와 스트레스나 긴장 시 위장이 차갑게 굳는 증상을 자주 겪어왔으며, 40대에는 술과 담배를 즐기다가 위암 수술을 받고 건강 회복을 위해 생활 습관을 크게 바꾼 경험이 있었다.

　에너지 변화를 수치로 나타내는 오라측정기로 아로마와 보석에너지 테스트를 진행하였다. 여러 보석 중에서도 특히 레드 재스퍼를 착용했을 때, 이 여성은 온몸이 따뜻해지는 느낌을 받았다고 한다. 실제로 측정 결과, 그녀의 활력도는 36에서 65

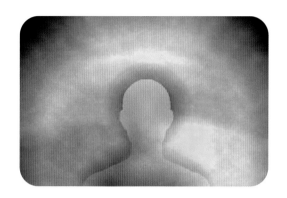

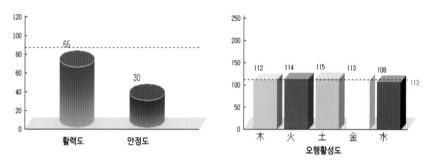

「 재스퍼를 착용 한 후의 오라에너지 」

까지 상승했으며, 재스퍼 착용 전의 에너지 변화를 살펴보면, 특히 토(土) 에너지
가 높게, 금(金) 에너지가 상대적으로 낮았던 에너지 불균형이 재스퍼 착용 후 토
(土)와 금(金)이 균형 잡힌 에너지 분포로 변화되었다.

  이러한 결과는 재스퍼가 실험 대상자의 에너지 균형과 조화를 개선하는 데 도움
이 될 수 있음을 시사한다. 특히, 재스퍼는 철분 함량이 높다. 인체 내 혈액 성분과
공명하고 동조화 작용을 일으켜 체온 상승에 기여하는 것으로 보인다. 이는 재스
퍼의 에너지가 빈혈과 혈액 순환에 긍정적인 영향을 줄 수 있다고 알려진 보석 힐링
연구의 결과와 일치한다.

# 9

## 사파이어 _
### SAPPHIRE

(漢)靑玉, (中)蓝宝石, (영)Sapphire, Blue Corundum

## (1) 사파이어의 보석학적 특성

| 색 | 청색, 청자색, 청록색 | | |
|---|---|---|---|
| 투명도 | 투명~불투명 | 경도 | 9 |
| 비중 | 4 | 강도 | 우수 |
| 결정정계 | 육방(삼방)정계 | 화학성분 | 산화알루미늄($Al_2O_3$) |
| 발색원소 | 철, 티타늄 | 내포결정체 | 종종 루틸, 보웨나이트, 지르콘 |
| 확대검사 특징 | 실크, 침상, 이상 내포물, 지문상 내포물, 색대 | | |
| 주산지 | 호주, 태국, 스리랑카(실론), 미얀마(버마), 인도, 캄보디아, 케냐, 탄자니아, 미국, 나이지리아, 마다가스카르 | | |
| 탄생석 | 9월 | 보석말 | 자애, 성실, 덕망, 진리, 불변, 진실 |
| 별자리 | 황소자리(4월 21일~5월 21일), 물병자리(1월20일~2월18일), 염소자리(12월25일~1월19일) | | |
| 보관 및 관리 | 일반적으로 초음파와 스팀 세척에서 안전하고, 미지근한 비눗물에도 안전함 | | |
| 기타 | 스타(성채) 효과, 목요일, 오전 10시, 가을, 5주년 또는 45주년 결혼기념석 | | |
| 주요 차크라 | 이마, 목 | | |

## (2) 사파이어의 어원과 역사적 고찰

■ 역사와 신화 속 청색 보석

사파이어의 어원은 청색을 의미하는 라틴어 'Sapphirus'에서 유래되었다. 이 보석은 오랜 시간에 걸쳐 덕망, 자애, 성실, 진실의 상징으로 여겨졌으며 특히 기독교에서는 성 바울의 상징으로 사용되었다. 또한, 구약성서 출애굽기에서는 블루 사파이어의 투명함이 천체와 같다고 표현했으며, 십계명이 사파이어에 새겨졌다는 설화도 전해진다. 로마 바티칸 교황청 추기경은 사파이어 반지를 끼는데 이는 12세기부터 레네스 주교에 의하여 시작된 전통으로, 로마 교황 식스토우스 4세가 사망했을 때 300캐럿의 값비싼 사파이어를 낀 채로 매장되어 도난을 방지하기 위해 감시인을 두었다는 기록이 있다.

중세 시대에는 사파이어를 왕의 보석으로 귀중하게 여겨 왕관을 장식하는데 사용했다. 영국 왕가에서는 사파이어를 선호하였는데, 11세기 영국의 에드워드 왕이 반지로 사용하던 로즈 컷 사파이어는 후에 영국의 왕관을 장식하게 되었으며, 금세기 최고의 로열 웨딩의 주인공 다이애나 황태자비는 찰스 황태자에게서 커다란 블루 사파이어 약혼반지를 받기도 했다.

■ 황금 시대와 보석 이야기

1800년경이 되어서야 비로소 루비와 사파이어가 동일한 커런덤의 변종임을 알
게 되었으며, 오늘날에는 적색을 제외한 모든 커런덤을 사파이어로 구분한다. 이러
한 사파이어에는 놀라운 이야기와 역사가 많이 담겨 있다. 1935년 호주에서 발견
된 2302캐럿의 사파이어는 그 크기만으로도 인상적이었으며, 이후 1318캐럿으로
커팅되어 미국의 링컨 대통령 흉상 머리 부분으로 조각되어 보존되고 있다.

또한 '동양의 푸른 거인'이라 불리는 468캐럿의 사파이어는 1970년 오사카 만
국박람회 스리랑카관에 전시되었다가 현재는 일본에서 수입하여 보관되고 있다.
이 밖에도 '인도의 별'이라고 불리는 563.35캐럿의 스리랑카산 청스타 사파이어는
뉴욕의 자연사박물관에 소장되어 있으며, 맑은 청색과 명확한 스타로 세계에서 가
장 크고 아름다운 스타사파이어로 꼽힌다.

1964년에는 '미드나이트 스타'라 불리는 116.75캐럿의 적자색 스타 사파이어가
도난 당했지만 아무런 손상 없이 무사히 회수되어, 현재 미국의 자연사박물관에
소장되어 있다. 그 외에도 100캐럿의 오렌지색 사파이어는 미국에서 전시되고 있
는 것 중 가장 아름다운 보석으로 평가되기도 한다.

런던의 사우스 켄싱턴 지역의 박물관에 사파이어는 주야 변색석으로, 밤과 낮에
색이 변하는 특징을 가지고 있어 '마법사의 컬러 체인지 사파이어'로 불린다. 이렇
듯 다양한 색상과 특징을 가진 아름다운 사파이어들은 루비보다 훨씬 다양하게 발
견되며 전시되고 있다.

# (3) 사파이어의 힐링에너지

- 지혜의 보석

다양한 색을 지닌 사파이어는 각각의 색에 따른 지혜를 품은 '보석'이다. 천상의 색조에서 사파이어는 지혜, 왕족, 예언, 신의 은총을 상징하며, 모든 종교의 역사와 지식을 담고 있는 보석이다. 사파이어는 천상의 희망과 믿음을 통해, 보호와 행운, 영적 통찰력을 준다고 전해져 힘의 상징으로도 사용되어 왔다. 특히 블루 사파이어는 몸의 소리와 본질적인 소리를 다른 사람에게 전달하는데 도움을 주는 신비한 에너지를 가지고 있으며 또한, 꿈과 비전을 달성하도록 격려하고 고무적인 영향력을 통해 마음을 높이는 바람의 정령석이다. 블루 사파이어는 목과 제3의 눈 차크라를 활성화시키고 조화로움을 통해 자신의 내면을 탐구하고 부정적인 에너지를 변환하는데 유용한 조용한 판단력의 보석이다.

■ 사파이어의 특별한 효과

사파이어는 신체적으로 여러 가지 이점을 제공한다. 먼저, 몸의 대부분을 치유하고 불면증을 완화하며 진정시키는데 도움을 준다. 계절 변화시, 사파이어 워터를 사용하면 정수기의 역할을 하여 물을 정화할 수 있을 뿐만 아니라 안구 질환 및 시력 개선, 두통, 발열, 코피 및 청력 문제, 현기증 등 귀와 관련된 여러 문제를 완화하는데 도움을 준다. 또한 갑상선 문제와 언어 소통과 관련된 문제를 해결하는데도 유익하며 신경계와 혈액 장애, 치매 및 퇴행성 질환의 치료에도 도움을 줄 수 있다.

정서적으로 사파이어는 내면의 감정적 고통으로부터 해방시켜주고 예민한 정신 상태의 회복을 위해 아름다움과 직관에 마음이 열리도록 하여 몸의 균형이 회복되도록 도와준다.

사파이어의 텀블링 스톤은 사랑, 헌신, 충실함의 영적 힘과 기민함을 상징하며 번영을 유지하고 생명의 선물을 지키는데 도움이 되어 결혼이나 이사 선물로 매우 훌륭한 보석이다.

## 차크라 위치

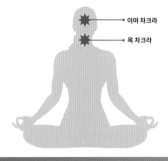

이마 차크라
목 차크라

## 사파이어 힐링효과

긴장완화, 목 통증 및 의사소통, 시력개선, 현기증, 귀 문제, 갑상선, 혈액장애 및 신경계, 퇴행성 질환

## (4) 사파이어의 오라에너지

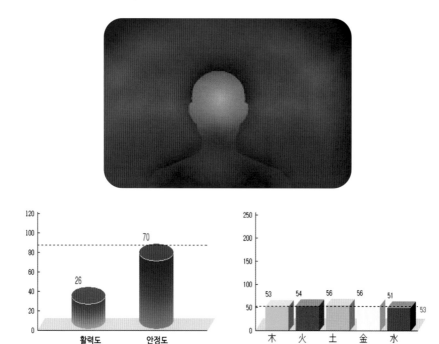

「 사파이어를 착용하기 전의 오라에너지 」

　사파이어 오라에너지에 대한 연구 결과는 매우 흥미롭다.　이 연구는 50대 중반의 한 여성을 대상으로 진행되었다. 이 여성은 오후 4시가 되면 목소리가 쉬고 가래가 생기는 증상으로 오랜 시간 고민해왔다. 7년 전부터 시작된 이 증상은 점점 더 악화되어, 젊은 시절 맑고 아름다웠던 그녀의 목소리가 저녁이 되면 쉰 소리로 변해버리는 상황에 이르렀다. 다양한 치료 방법을 시도했음에도 불구하고 개선되지 않자 그녀는 주변의 권유로 컬러테라피, 아로마테라피 그리고 보석테라피에 관심을 갖게 되었다.

　그녀가 목 에너지 센터에 도움이 될 수 있다는 사파이어의 가능성을 발견하고 나서, 즉시 사파이어 비즈로 목걸이를 제작하여 착용하기 시작했다. 놀랍게도 이전에 어떤 치료로도 개선되지 않았던 그녀의 목소리가 사파이어 착용 후 눈에 띄게 좋아지는 결과를 도출했다. 이는 사파이어가 개인의 에너지 균형을 조정하고 목 건강에 긍정적인 영향을 미칠 수 있다는 가능성을 시사한다.

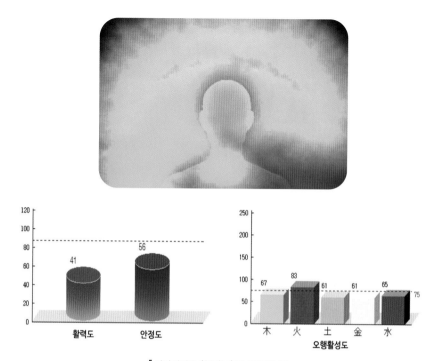

「 사파이어를 착용한 후의 오라에너지 」

　전통적으로 루비가 활력을 증진시키고 사파이어가 안정감을 가져온다고 알려졌으나, 오랜 기간 오라에너지 측정 연구를 통해 그와는 다른 결과도 있을 수 있음을 발견하게 되었다. 사파이어와 루비는 사람마다 다양한 효과를 나타내어 어떤 사람에게는 사파이어가 활력을 높여주고 또 다른 사람에게는 루비가 안정감을 줄 수 있다는 사실을 알게 된 것이다. 이 여성의 경우에도 사파이어를 착용한 후 활력이 올라가는 기분을 느낄 수 있었고 오라에너지 측정 결과에서도 활력도가 26에서 41로 상승하였다.

　이러한 결과는 보석 에너지가 인간의 건강과 웰빙에 미칠 수 있는 영향에 대해 더 깊이 탐구할 필요가 있다는 것을 일깨워준다.

# 10
# 산호 _
*CORAL*

(漢)珊瑚, (中)珊瑚, (영)Coral

## (1) 산호의 보석학적 특성

| 색 | 적색, 핑크색, 백색, 오렌지, 흑색, 청색 | | |
|---|---|---|---|
| 투명도 | 반아투명~불투명 | 경도 | 3.5~4 |
| 비중 | 2.65 | 강도 | 보통 |
| 결정정계 | 유기질 | 화학성분 | 탄산칼슘(CaCO₃) |
| 발색원소 | 유기질(카로티노이드) | 내포결정체 | |
| 확대검사 특징 | 폴립, 파도 무늬의 섬유상조직, 동심원상 성장(나이테) 구조 | | |
| 주산지 | 호주, 필리핀, 일본, 말레이시아, 지중해(알제리), 프랑스, 이태리, 모로코, 튀니지, 대만, 미국, 아일랜드 | | |
| 탄생석 | 3월 | 보석말 | 총명, 침착, 용기 |
| 별자리 | 물고기자리 (2월 20일~ 3월 20일) | | |
| 보관 및 관리 | 초음파와 스팀 세척에서 안전하고, 미지근한 비눗물에도 안전함 | | |
| 기타 | 16주년 결혼기념석, 행성 중 화성, 신체 부위는 장 | | |
| 주요 차크라 | 뿌리 | | |

## (2) 산호의 어원과 역사적 고찰

■ 산호의 어원

산호는 영어로 코럴(Coral)이라 하는데, 이는 바다 속에서 산호 화산(Coral Leaf)를 형성하는 강장 동물인 산호 폴립(Coral Polyp)에서 비롯된 말이다. 이 산호 폴립은 산호 리프를 형성하기 위해 함께 살아가는 작은 동물로 다른 작은 동물들과 함께 모여 큰 산호 화산을 형성한다.

산호의 어원에 대해서는 여러 가지 학설이 있다. 먼저 산호동물의 단단한 석회질 뼈대를 의미하는 그리스어 'Korallion'이나, 산호의 가느다란 가지가 때로는 바다의 요정처럼 보인다고 해서 '인어'를 뜻하는 'kura_halos'에서 유래했다는 의견, 팔레스타인과 소아시아 및 지중해에서 사용되었던 산호 가지를 뜻하는 히브리어 'goral'(제비 뽑기에 사용되는 작은 돌)에서 유래되었을 가능성이 높다는 의견이 있다.

■ 동서양에서의 산호

고대의 중국과 인도에서는 콜레라를 예방하는 효능이 있다고 믿기도 했으며 로마에서는 아이들의 치아 건강에 도움이 된다고 여기기도 했다. 천재지변으로부터 인간을 지켜주는 부적으로도 사용되었다. 중화사상이 깊이 뿌리내린 중국 사람들은 산호가 서양에서 처음 들어왔을 때, 오랑캐의 나라에서 온 것이라 하여 '호도 (胡桃)'라고 부르기도 했다. 그러나 중국은 내륙 국가이기 때문에 바다에서 나는 보석인 산호를 희귀하고 독특한 특성을 지니는 보석으로 인정했으며, 칠보(七宝) 중 하나로 예로부터 부부의 행복을 상징한다고 여겨 약혼이나 결혼의 필수적인 예물로 귀하게 대접했다.

그러나 유럽에서는 산호에 대한 의식이 상대적으로 낮았다. 오래된 유럽의 문헌에는 장신구로 사용되었다는 기록이 남아있기는 하나, 산호가 그 가치를 인정받아 보석으로 인정된 것은 비교적 근대에 와서였다. 20세기 초반에 이르러서야 산호는 대중화되기 시작한다. 고유의 적색빛과 분홍빛을 살린 목걸이, 팔찌 등 장신구들이 다수 제작되면서 많은 사람들의 사랑을 받게 된다.

## (3) 산호의 힐링에너지

산호는 '산호충' 이라고 불리는 작은 생물의 활동으로 형성되며 나뭇가지 모양의 골격을 가지고 있는 보석이다. 이는 산화칼슘으로 이루어져 있으며 행복, 장수, 지혜의 의미를 지니고 있다. 또한, 산호는 악운으로부터 보호를 받는데 도움을 주고 신경을 릴렉스 시켜주는 잠재력을 갖춘 보석으로 긴장과 두려움을 완화시켜 준다고 하여 어린이들에게 주는 선물로써 매우 유용하다고 전해진다.

■ 행복, 장수, 지혜를 상징하는 보석

붉은색의 산호 원석은 자신감, 용기, 육체적인 힘 그리고 성적 에너지와 관련된 상징적인 의미를 가지고 있어 전쟁의 신 마르스의 상징으로 여겨지며 자신감을 강화하고 장애물을 극복하며 도전 능력을 향상시키는 데 도움을 준다. 산호의 붉은 에너지는 자신을 믿고 타인에게 자신감을 뿜어내며 긍정적인 결과를 얻도록 도와줄 수 있는 역할을 한다. 이 보석은 우리가 이루고자 하는 목표나 프로젝트를 완수하기 위한 열정을 불러일으키고 성공적인 결과를 이끌어내는 데 기여한다.

■ 붉은 산호의 치유력

신체적으로 붉은 산호는 자체적인 재생 능력으로 나쁜 피부, 탁한 혈액, 혈관 손상과 같은 문제를 치유할 수 있다고 믿어지며, 고혈압 조절과 심장 균형 유지에 도움을 줄 수 있다. 또한 혈액순환을 개선하고 불임, 뼈 질환과 같은 여러 건강 이슈에도 유효하게 사용된다.

정서적으로 붉은 산호의 에너지는 부정적인 에너지, 자신감 부족, 무기력함과 같은 상태를 극복하는 데 도움을 준다.

또한 긍정적인 생각을 행동으로 구현하여 자신감을 회복하고 자존감을 높이는 촉진의 역할을 한다. 바다의 살아있는 유기체로 만들어진 붉은 산호를 착용하면 우울증과 스트레스로부터 보호를 받으며 행복을 추구하는 긍정적인 감정을 회복하는 데 도움이 된다.

■ 금전적 풍요와 행운의 보석

붉은 산호는 사업가들 사이에서 행운의 상징으로 간주되며, 금전적 풍요와 행운을 상징하는 보석이다. 만약 우리가 옷장에 붉은 산호 조각을 보관하여 그 에너지를 수용한다면 우리는 금전적인 성공 뿐만 아니라 행운과 풍요를 더 쉽게 누릴 수 있을 것이다. 이 방법은 산호 주얼리를 착용하는 것 이상 의 결과를 얻을 수 있다.

## 차크라 위치

→ 뿌리 차크라

## 산호 힐링효과
두려움 극복, 긴장 완화, 심장, 혈액순환, 고혈압, 불임, 뼈 질환

## (4) 산호의 오라에너지

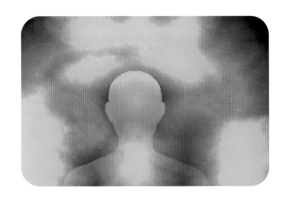

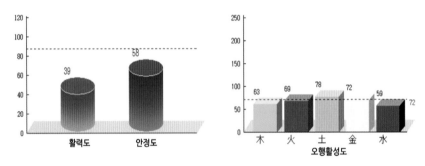

「산호를 착용한 전의 오라에너지」

산호의 오라에너지에 관한 연구는 30대 후반의 여성을 대상으로 한 흥미로운 사례 연구를 통해 진행되었다. 이 여성은 손발이 차가운 증상과 함께 하복부 냉증을 겪고 있었으며, 임신을 여러 차례 시도했지만 유산으로 이어지는 고통을 경험했다. 병원에서는 습관성 유산으로 분류했지만, 정밀 검사에서는 원인을 찾지 못했고, 따라서 명확한 치료법도 제시하지 못한 상태였다. 그녀는 반신욕을 통해 하복부의 냉증을 다소 완화시킬 수는 있었지만, 임신에 어려움은 계속되었다.

게다가 최근 3개월 동안 깊은 수면을 취하지 못하고 악몽에 시달려 새벽에 자주 깨는 문제로 인해 일상 생활에서의 피로감이 축적되고 있었다. 친구의 추천으로 보석테라피에 관심을 갖게 되었고, 여러 보석 중에서 산호 팔찌를 착용하게 되었다. 산호 팔찌를 착용한 후, 그녀는 팔로부터 퍼지는 따뜻한 기운과 마음의 안정을 느

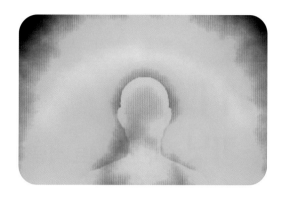

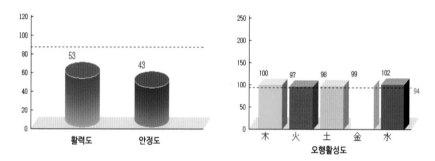

「산호를 착용한 후의 오라에너지」

껐으며, 산호의 에너지와 강한 공명을 경험했다.

이에 따라 오라에너지 측정기를 이용해 산호 팔찌 착용 전후의 변화를 측정해 보았다. 그 결과, 산호 팔찌 착용 전에는 흐트러져 있던 오라에너지가 착용 후에는 훨씬 고르게 변화하는 것을 확인하였다. 더욱 놀라운 것은 그녀의 활력도가 39에서 53으로 상승한 것이다. 이러한 결과는 산호의 에너지가 이 여성에게 활력을 상승시키는 긍정적인 영향을 미쳤음을 시사하며, 장기적인 변화를 추적하는 추가 연구를 통해 산호의 에너지 효과를 보다 명확히 이해할 수 있을 것으로 기대된다. 이 사례는 산호의 에너지가 혈액 순환과 불임 문제에 긍정적인 영향을 미칠 수 있다는 오랜 믿음을 확인시켜주는 중요한 확증을 제시한다.

# 11

## 가닛 _ 가넷, 가네트, 석류석
### GARNET

(漢)石榴石, (中)石榴石, (영)Garnet

## (1) 가닛(석류석)의 보석학적 특성

| 색 | 주로 적색, 적갈색, 녹색 | | |
|---|---|---|---|
| 투명도 | 투명~반아투명 | 경도 | 7~7.5 |
| 비중 | 3.47~4.15 | 강도 | 좋음~보통 |
| 결정정계 | 등축정계 | 화학성분 | $Fe_3Al_2(SiO_4)_3$, $Ca_3Fe_2(SiO_4)_3$, $Ca_3Al_2(SiO_4)_3$, $(Mg,Mn)_3Al_2(SiO_4)_3$ |
| 발색원소 | 망간, 크로뮴(크롬), 철, 바나듐 | 내포결정체 | 지르콘 |
| 확대검사 특징 | 둥글거나 각진 둘 이상의 명도를 지닌 녹색 줄무늬, 방사상 섬유 구조 | | |
| 주산지 | 알만다이트: 인도, 스리랑카(실론), 마다가스카르, 브라질<br>안드라다이트: 이태리, 한국, 러시아,콩고민주공화국(자이르)<br>그로슐라라이트: 스리랑카(실론), 케냐, 탄자니아<br>하이드로 그로슐라라이트(녹색,핑크): 남아프리카공화국, 캐나다, 미국<br>말라이아: 동아프리카<br>파이로프: 호주, 체코, 남아프리카공화국, 미국<br>로돌라이트: 스리랑카(실론), 탄자니아, 짐바브웨<br>스페사르타이트: 브라질, 스리랑카(실론) | | |
| 탄생석 | 1월 | 보석말 | 우애, 진실, 충실, 정절, 우정, 명예, 사랑 |
| 별자리 | 물병자리(1월20일~2월18일) | | |
| 보관 및 관리 | 일반적으로 초음파 세척은 안전하나 스팀 세척은 피하고, 미지근한 비눗물에 안전 | | |
| 기타 | 11시, 2주년 또는 18주년 결혼기념석 | 주요 차크라 | 뿌리, 크라운 |

## (2) 가닛(석류석)의 어원과 역사적 고찰

■ **가닛의 어원**

가닛의 어원은 '진한 붉은 색'을 의미하는 14세기의 영어 단어 'Gernet', 곡물이나 씨앗을 뜻하는 라틴어 'granatus'에 뿌리를 둔 프랑스 고어 'grenate'에서 파생되었다. 이것은 아마도 일부 석류석의 모양과 크기, 색상이 석류의 붉은색 씨앗과 유사하여 붙여진 이름일 것이다.

■ **오랜 역사를 가진 보석**

가닛은 수천 년의 전통을 이어 온 보석이다. 성서에 따르면 최초의 대제사장 아론의 갑옷 흉패에는 이스라엘의 열 두 지파를 상징하는 열 두 가지 보석이 장식되었다고 한다. 가닛은 그 흉패의 첫줄에 장식된 보석이다. 기원전 3100년부터 이집트 사람들은 가닛을 부적삼아 목에 걸고 다녔고 장신구로도 애용하였으며, 그리스나 로마에서는 사원이나 교회를 장식하는데 사용하기도 했다.

중세 유럽에서는 붉은색 보석을 모두 가닛으로 일컬었으며, 여행 중에 가닛을 몸에 지니면 위험을 피하고 유행병을 예방할 수 있다고 믿었다. 특히 십자군 전쟁 (1095~1456년) 시기에는 전투지에 나가는 병사들에게 모든 위험에서 보호받도록 가닛을 몸에 지니게 하였다.

■ **희생과 충실의 상징**

19세기 빅토리아 여왕 시대에 가닛은 희생, 노력, 변하지 않는 충절의 상징으로 여겨져, 왕관처럼 성공과 권력을 상징하는 물품에 가닛을 장식하는 것이 일반적이었다. 가닛은 충실함과 정절을 나타내는 보석으로 인식되어 연대감, 충성심 혹은 진실한 우정을 확인하기 위해 가닛이 박힌 장신구가 사용되는 경우도 있었으며, 특히 19세기 후반에는 가닛으로 장식된 팔찌와 브로치가 유행했다. 이처럼 유럽에서 가닛은 상당한 인기를 누렸다. 옛 스페인 사람들은 과일 중에서 석류를 가장 선호했기에 보석 가닛도 매우 인기가 있었던 듯하다.

또한 스페인 점성술에서 가닛은 태양을 상징하는 보석이기도 하다.

19세기 러시아와 보헤미아 지역은 가닛의 주요 공급처였다. 전설적인 보석상 피터 칼 파베르제가 러시아 왕족들의 화려한 장신구에 가닛을 많이 사용한 때문으로 전해진다.

보헤미안 지방의 많은 성과 교회는 웅장하고 화려한 인테리어 장식을 위해 가넷을 사용하기도 했으며, 19세기 독일 중부의 작센 왕조는 약 465캐럿의 가넷을 소유했다고 전해진다.

■ 세계의 가넷

현재, 가넷의 전시관으로는 체코의 '가넷 뮤지엄(Czech Garnet Museum)'이 있다. 이 뮤지엄은 프라하 근처의 플젠(Plzen)에 위치하며, 다양한 가넷 보석과 가넷에 관한 정보를 전시하고 있다. 또한 오스트리아 케른텐주의 '그라나티움 보석 박물관'에서는 가넷 관련 역사와 채광 과정을 관광객들에게 체험할 수 있는 기회를 제공한다. 미국 뉴욕주의 상징인 가넷은 뉴욕 주립 박물관(New YORK State Museum)에 90여 개의 다양한 표본으로 전시되어 있으며, 이곳을 통해 가넷에 대한 정보를 얻을 수 있다.

## (3) 가닛(석류석)의 힐링에너지

■ 발란스와 변화를 이끄는 열정의 보석

삶의 불안을 해소하고, 몸과 마음 그리고 영혼에 활력이 필요한 순간이라면 가닛이 필요할 것이다. 이 보석은 우리가 삶에서 마주하는 다양한 어려움과 난제를 극복하려는 순간, 붉은 색상의 에너지를 통해 우리 내면의 열정과 자신감을 활성화시켜 긍정적인 마음과 힘을 불어넣는 역할을 한다. 이처럼 가닛은 밸런스 스톤으로 여겨지며, 어려운 시기에 우리를 지지하고 격려해 주는 역할을 한다.

가닛은 붉은색의 열정적인 컬러와 함께 마음의 균형을 되찾고 정체된 에너지를 클렌징하며, 우리가 원하는 변화를 이끌어내기 위한 열정을 촉진하는 훌륭한 보석으로 창의성을 높이는 데 유용한 도구로 사용된다. 그 화려한 색상과 따뜻한 빛을 가진 가닛은 종종 '카번클'로 불리며, 이는 불의 변화와 영적인 의미를 상징한다.

이를 통해 가닛은 우리의 내면에서 변화와 환기를 도모하며, 창의성을 높이고 새로운 가능성을 탐구하는데 도움을 주는 보석이다.

■ 스트레스와 불안을 극복하는 힘

가닛은 우리 내부의 힘을 활성화시키고, 이성과의 친밀한 순간을 더 높이는 데 도움을 주며, 감각적인 기량을 향상시켜 삶의 조화를 찾는 데 필요한 원천적인 에너지를 제공한다. 또한, 이 보석은 강인함과 남성적 에너지를 강화시켜주는 데 도움을 주며,

신체적 건강에 부정적인 영향을 미치는 나쁜 습관이나 부정적인 패턴을 극복하는데 도움을 준다. 명상시 착용하거나 주얼리로 사용할 때 스트레스와 불안을 완화하는데 효과적이다.

■ 창의성과 관계의 힘을 일깨워주는 보석

가닛은 우리가 풍요와 번영을 추구하고 감사한 마음을 가질 필요가 있는 중요한 순간에 우리를 일깨워주는 보석이다. 붉은 색상의 가닛은 낮은 에너지를 끌어올려 활력과 창의력을 불러오는 역할을 하며, 그린 가닛은 아이디어의 근원적 생각을 촉진시킨다. 이 다양한 컬러 에너지는 우리가 더 높은 사고와 창의력을 활성화하는 데 효과적이다. 마음속에서 시작된 영감과 아이디어를 현실로 실현하는 것은 간단하면서도 어려운 과정이다. 그러나 가닛은 이 과정에서 우리의 의지와 행동을 지원하는 보석으로써 역할을 한다. 뉴에이지 수행자들은 가닛을 사랑하며, 이 보석은 관계를 치유하고 강화하며 새로운 사랑과 인간관계의 충실을 유지하는 데 도움을 주고, 포용력을 불어 넣어 준다.

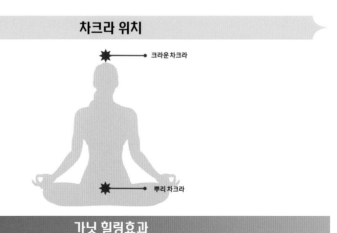

**차크라 위치**

크라운 차크라

뿌리 차크라

**가닛 힐링효과**

생존 본능 강화, 위기상황 극복, 심장리듬장애, 자신감과 균형 유지

## (4) 가닛(석류석)의 오라에너지

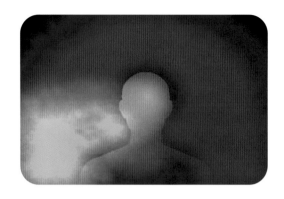

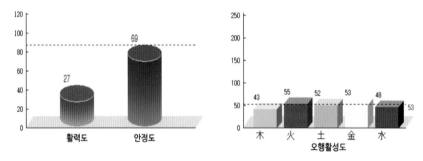

「 가닛을 착용하기 전의 오라에너지 」

    가닛의 오라에너지에 대한 연구는 20대 초반의 한 남성의 이야기에서 시작된다. 이 남성의 초기 오라에너지 상태는 그의 나이대에서 기대할 수 있는 평균적인 활력도인 65~70에 비해 매우 낮은 27이었다. 이는 그가 중학교 시절부터 시작된 흡연과 음주의 습관으로 건강을 크게 해친 결과였다. 특히 고등학교 2학년 때는 B형간염과 폐결핵으로 생명의 위험까지 겪었다고 한다. 이러한 경험은 그에게 금연과 금주라는 긍정적인 습관의 변화를 가져다주었지만, 그에 따른 건강상의 문제들은 계속해서 그의 삶을 어렵게 만들었다. 깊은 호흡의 어려움과 지속적인 피로감은 그를 허약한 체질로 만들었고, 이는 그의 일상생활에도 부정적인 영향을 미쳐 자신감이 사라진 위축된 태도로 이어졌다.

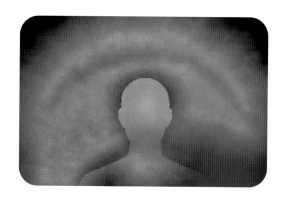

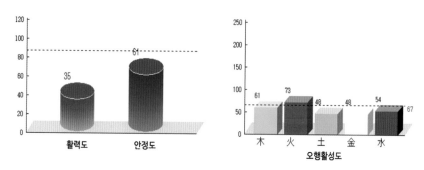

「 가닛을 착용한 후의 오라에너지 」

　그는 가족의 권유로 오라 상담을 받게 되었고, 이를 통해 자신의 에너지 균형을 회복하기 위한 다양한 방법 중 하나로 아로마와 보석테라피를 선택했다. 여러 보석 중에서도 특히 가닛을 착용했을 때 그의 오라에너지에 긍정적인 변화가 나타났다. 활력도는 27에서 35로 상승했으며, 특히 목(木) 에너지는 43에서 61로 훌쩍 올랐다. 이러한 변화는 그동안 가닛의 힐링 포인트로 알려져 온 활력 에너지를 강화하고 남성 에너지를 상승시키는 데 효과적이라는 명확한 증거로 보인다.

# 12

## 아콰마린 _ 아쿠아마린
### AQUAMARINE

(漢)蓝玉, (中)海蓝宝石, (영)Aquamarine

## (1) 아쾀마린의 보석학적 특성

| 색 | 연한 청록색, 연한 녹청색 | | |
|---|---|---|---|
| 투명도 | 투명~아투명 | 경도 | 7.5~8 |
| 비중 | 2.72 | 강도 | 좋음~약함 |
| 결정정계 | 육방정계 | 화학성분 | 녹주석($Be_3Al_2Si_6O_{18}$) |
| 발색원소 | 철 | 내포결정체 | |
| 확대검사 특징 | 철 | | |
| 주산지 | 브라질, 나이지리아, 잠비아, 마다가스카르, 미국, 러시아 | | |
| 탄생석 | 3월 | 보석말 | 침착, 용감, 총명, 행복, 젊음, 신념 |
| 별자리 | 물고기자리(2월19일~3월20일) | | |
| 보관 및 관리 | 초음파와 스팀 세척에 안전하고, 미지근한 비눗물에는 안전함 | | |
| 케어 | 일반적으로 초음파와 스팀 세척에 안전하고, 미지근한 비눗물에도 안전함 | | |
| 주요 차크라 | 목, 가슴 | | |

## (2) 아콰마린의 어원과 역사적 고찰

■ 아콰마린의 어원

아콰마린(Aquamarine)이란 이름은 라틴어에서 유래되었다. '아쿠아(Aqua)'는 '물'을 뜻하고, '마리누스(Marinus)'는 '바다'를 뜻해, 직역하면 '바닷물'이라는 의미를 갖는 이 명칭은 보석의 맑고 연한 초록빛을 상상하게 한다. 또한, 동양에서는 이 보석을 남옥(藍玉)이라고도 불렀다.

이 보석명은 안셀무스 드 부트(Anselmus de Boodt)가 1609년에 출판한 자신의 책 '보석과 연마의 역사(Gemmarumet Lapi dum Historia)'에서 처음 사용된 이후 널리 불리게 되었다.

■ 아콰마린 이야기

아콰마린에는 다양한 전설과 이야기가 존재한다. 깊은 바다 밑, 인어가 몸단장을 하려고 보석함을 열다가 떨어뜨린 보석이라는 이야기가 전해지며 인어의 눈물로 빚어졌다는 전설도 있다. 고대 로마의 정치인 플리니우스는 '여름바다 깊은 곳, 인어의 보물 창고에서 나온 것처럼 보이는 이 사랑스러운 아콰마린은 그 누구도 거부할 수 없는 매력을 가지고 있다'라며 아콰마린의 아름다움에 대해 무한한 찬사를 보냈다.

■ 고대 유럽에서의 아콰마린

중세 시대에는 아콰마린에 대한 다양한 믿음과 신화가 존재했다. 아콰마린을 물에 담근 후 그 물로 눈을 씻으면 눈병이 치유되고, 몸에 지니면 성격이 급한 사람조차도 마음이 안정되어 차분해지는 효능이 있다고 믿었다.

어떤 이들은 아콰마린을 통해 미래를 예측하는 능력을 부여받을 수 있다고 믿었으며, 부부의 사랑을 다시 불러 일으키는 힘이 있다고도 여겨 몸에 지니기도 했다. 군인들은 이 보석이 자신들을 천하무적으로 만들어준다고 믿었다.

또한. 아콰마린을 바다의 힘을 가진 신비한 보석으로 여겨서 항해사들을 지키는 수호석의 역할을 하기도 했다. 항해사들은 바다의 온갖 위험과 재난으로부터 자신을 보호하기 위해 이 보석을 착용하기도 했다.

### ■ 밤의 여왕, 그리고 희망의 상징

아콰마린은 밤에 빛을 받으면 더욱 빛나는 특성을 가지고 있어서 '밤의 여왕'이라는 별명으로 불렸으며, 종종 어두운 바다에서 본 한 줄기 빛에 비유되기도 했다. 이 독특한 특성 덕분에 아콰마린은 희망과 행복의 상징으로 간주되며, 어둠 속에서도 빛을 발하는 총명함과 용기를 상징하기도 한다. 또한, 아콰마린은 젊음을 상징하고 오래된 사랑을 새롭게 부활시켜주는 힘이 있다고 여겨져 귀부인들 사이에서 많은 인기를 얻었다.

### ■ 크기와 역사를 자랑하는 아콰마린

1910년 브라질에서 채굴된 110kg 이상의 아콰마린은 크기와 모양에 있어 단연 독보적이었다.

가장 큰 아콰마린 중 하나인 '돔 페드로 오벨리스크'는 길이 36센티미터이며, 10,363캐럿으로 세계에서 가장 큰 아콰마린으로 불린다. 1980년대 후반 브라질 광산(Minas Gerais)에서 채굴된 거대한 원석은 너무 커서 한 덩어리로 보존할 수 없었기 때문에 3개의 조각으로 나눠져 세계에 소개되었다. 그 중 하나가 독일의 조각사 베르나르트 뮌슈타이너(Bernd Munsteiner)에 의해 오벨리스크로 제작되었는데 '돔 페드로 오벨리스크'로 명명된 이 아콰마린은 세계에서 가장 큰 아콰마린 조각품으로 꼽힌다. 현재 워싱턴D.C. 스미스소니언 국립자연사박물관의 호프 다이아몬드 옆에 전시되어 있다.

또 다른 유명한 아콰마린은 엘리너 루스벨트 영부인의 것으로, 1936년 브라질 방문시 브라질 대통령으로부터 선물로 받은 약1,298캐럿 아콰마린 원석이다. 이 보석은 암스테르담에서 에메랄드 컷으로 연마되었으며, 현재는 뉴욕 하이드 파크에 있는 프랭클린 D. 루스벨트 국립 유적지에 전시되어 있다.

## (3) 아콰마린의 힐링에너지

■ 물의 속성을 지닌 보석

아콰마린은 3월의 탄생석으로 알려져 있으며 '천사의 스톤'이라고도 불린다.

이 보석은 바다와 유사한 아름다운 파란색 색상을 가지고 있으며 그 심연의 깊은 빛은 사람들에게 마음의 평안과 정신적 안정을 제공한다. 또한, 급한 성격의 소유자에게 마음의 여유를 찾고 통찰력과 미래의 비젼을 갖도록 하는 데 도움을 준다. 이 보석은 종종 '인어의 보석'으로 알려져 있으며, 바다에서 항해하는 사람들의 안전과 행운을 상징한다. 여행자들에게는 특히 좋은 행운을 가져다 준다고 여겨지며 여행 중에 다양한 경험을 만나고 새로운 친구들과 소통할 때 명확하고 활기찬 에너지를 제공하는 역할을 하는 '여행자들의 스톤'이기도 하다.

■ 조화와 균형의 보석

보석계의 만병통치약으로 불리는 아콰마린은 옅은 파란색, 푸른 녹색, 그리고 짙은 남청색이 내는 색의 농도에 따라 보는 이의 마음에 다양한 감정적 자극을 일으키며, 야광성이 높아 밤에 더욱 아름답게 빛나는 특성을 가지고 있다.

이 보석은 신체적으로 심장에서 목까지 에너지를 자극하고 진심 어린 마음을 전달하는 목소리와 안정감을 제공한다.

이는 우리의 감정, 신념, 생각을 표현하는데 도움이 되며, 이러한 균형을 통해 정서적인 표현을 조화롭게 만들어 준다. 남성과 여성 모두에게 긍정적인 힘을 제공하며, 삶의 활력과 회복력을 높이는 데 도움을 줄 수 있다.

정서적으로 아콰마린은 평화로운 기분을 유지하고 적극적인 자기표현을 할 수 있도록 도와주며, 불안과 두려움을 완화하고 안정감을 안겨 준다. 또한, 아콰마린은 '자연 정의의 스톤'으로 알려져 있으며 타협과 협상에 활용될 때 혼란과 두려움을 해소하고 무한한 가능성을 탐색하도록 돕는다. 이 돌은 현실의 가능성을 넓히는 것에 기여하며 자연의 조화와 평화를 상징하는 특별한 힘을 지니고 있다.

아콰마린은 많은 사람들에게 명상의 보석으로 활용되며 과거의 상처나 트라우마를 극복하고 자아 속의 내면의 천사를 발견하는 행운을 가져다준다.

또한, 아콰마린은 과잉반응, 피해자, 가해자의 상황에 놓였을 때 다른 사람에게 영향을 주거나 자신을 인식하고 파악하는 의식을 갖도록 패턴화 시켜 더 나은 관계 사랑 및 연민을 더 풍부하게 가질 수 있도록 돕는 의식의 패턴을 형성하는 데 도움을 준다.

## 차크라 위치

목 차크라

가슴 차크라

## 아콰마린 힐링효과

정화, 진정, 스트레스 완화, 호흡기 및 기침, 만성 알레르기, 감기와 후두염

## (4) 아콰마린의 오라에너지

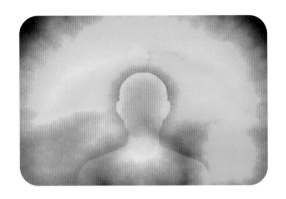

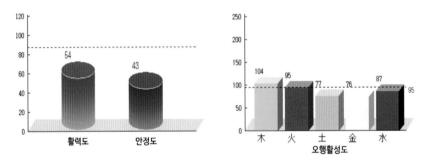

「 아콰마린을 착용하기 전의 오라에너지 」

    20대 후반의 한 젊은 남성이 오라에너지 상담실에 들어왔을 때, 첫인상은 내성적이고 마른 체형에 안색은 창백했다. 이 남성은 스트레스에 매우 민감했고, 긴장 상태가 되면 소화불량으로 고생하며 손발이 차갑게 느껴지는 등 다양한 알레르기 질환을 겪고 있었다. 평소 낯가림이 심하고 소통에 어려움을 겪고 있었음에도 불구하고, 아로마와 보석을 통한 에너지 변화에는 큰 관심을 보였다.

    이 남성은 여러 개의 보석에 흥미를 보였는데 그 중에서도 특별히 반투명한 물빛 보석 아콰마린을 마음에 들어하며 관심을 보였다. 아콰마린을 착용하기 전과 후 오라에너지 변화를 비교해 보았을 때, 착용 후에 생체 전기의 흐름이 개선되고, 에너지의 결맞음이 좋아지는 변화가 나타났다.

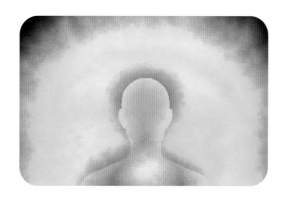

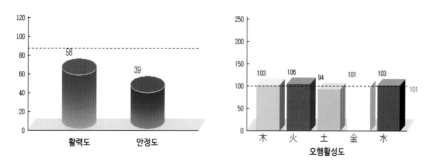

「 아콰마린을 착용한 후의 오라에너지 」

　특히 활력도·안정도 수치는 변화가 없는데 오행 활성도 수치에서 나타난 변화는 주목할 만하다. 알레르기와 호흡기 에너지와 관련된 금(金)의 에너지값이 76에서 101로 상승했고, 소화기 에너지와 관련된 토(土)의 에너지값도 77에서 94으로 상승했다. 이는 아콰마린 착용 전보다 전체적인 오행 에너지의 편차가 줄어들며 긍정적인 변화가 나타났음을 의미한다. 아콰마린을 착용한 후, 이 남성은 숨쉬기가 편안해지고 마음이 가벼워졌다고 했다. 이를 통해 호흡기와 알레르기에 도움이 된다고 알려진 아콰마린의 힐링 효과를 실제로 확인할 수 있었다.

# 13

## 에메랄드 _
### *EMERALD*

(漢)翠玉, (中)祖母錄, (영)Emerald

## (1) 에메랄드 보석학적 특성

| 색 | 녹색, 녹청색 | | |
|---|---|---|---|
| 투명도 | 투명~아투명 | 경도 | 7.5~8 |
| 비중 | 2.72 | 강도 | 좋음~약함 |
| 결정정계 | 육방정계 | 화학성분 | 녹주석($Be_3Al_2Si_6O_{18}$) |
| 발색원소 | 크로뮴(크롬), 바나듐 | 내포결정체 | 방해석, 황철석, 운모, 투섬석 |
| 확대검사 특징 | 이상내포물, 삼상내포물 | | |
| 주산지 | 콜롬비아, 잠비아, 브라질, 파키스탄, 짐바브웨, 아프가니스탄, 러시아, 호주 | | |
| 탄생석 | 5월 | 보석말 | 행운, 행복 |
| 별자리 | 게자리(6월22일~7월22일), 쌍둥이자리(5월21일~6월21일), 처녀자리(8월23일~9월23일) | | |
| 보관 및 관리 | 초음파와 스팀 세척은 피해야 하고, 미지근한 비눗물에는 안전함 | | |
| 기타 | 오후 2시, 화요일, 봄, 20주년 또는 35주년 결혼기념석, 행성 중 수성, 신체 부위는 담즙 | | |
| 주요 차크라 | 가슴 | | |

## (2) 에메랄드의 어원과 역사적 고찰

■ 에메랄드의 어원

'에메랄드(Emerald)'라는 말은 녹색을 뜻하는 그리스어 'Smaragdus(스마라그두스)'에서 유래되었다. 이 보석은 밝은 녹색을 띄는 녹주석의 변종으로, 취옥(翠玉)이라고도 불린다. 크롬을 함유하여 녹색의 투명한 빛깔을 가진 에메랄드는, '에메랄드 그린(Emerald green)'이라는 이름의 색깔이 있을 정도로, 독특하면서도 아름다운 녹색 빛깔이 특징이다.

■ 홍해에서 시작된 보석

기원전 3000년에서 1500년 사이에 이집트의 파라오가 '클레오파트라의 광산'이라는 이름으로 에메랄드를 채굴하기 시작했다.

이후 고대 이집트인들은 에메랄드 채광에 열심히 참여하여 이집트의 고고학적 유적지에서는 에메랄드가 빈번히 발견된다. 특히 클레오파트라의 에메랄드 사랑은 유명한데 알렉산드로스 대왕시대 동안 그리스 광부들은 홍해 지역의 광산에서 채굴된 에메랄드를 절세미인 여왕에게 진상했다고 한다. 이렇듯 에메랄드는 기원전부터 현재까지 한결같이 사람의 마음을 사로잡는 아름답고 가치있는 보석이다. 1871년 홍해 지역에서 광범위한 에메랄드 채광 유적이 발견되어 고대의 이야기를 사실로 입증했다.

■ 다채로운 역사와 문화의 보석

에메랄드에 관한 이야기는 다채롭고 풍부하며, 역사와 문화에 깊은 영향을 미친다.

고대 로마에서는 에메랄드의 녹색을 자연의 재생력과 무한한 생명력을 상징하는 색으로 간주하였다.

이슬람교에서도 에메랄드의 녹색은 성스러운 색으로 여겨져 그들의 문화와 정체성을 나타내는 색으로 채택되었다. 중동 국가들의 국가대표 축구팀은 녹색 유니폼을 착용하는데 이것은 민족적인 자부심과 아이덴티티를 대중에게 어필하는 수단이 된다.

힌두교의 고대 경전 베다에는 에메랄드가 치유 능력과 함께 행운과 안녕을 가져오는 고귀한 녹색 보석으로 기록되어 있다.

고대 잉카와 아즈텍 문명에서도 에메랄드는 신성한 가치를 지닌 보석으로 여겨졌으며, 오늘날에도 그 당시의 상급 에메랄드가 가끔 발견된다. 이들 문명은 에메랄드를 숭배하고 그 가치를 인정하여 그들의 종교와 문화에 있어 중요한 역할을 부여했다. 이처럼 고대 문명에서부터 현대에 이르기까지, 이 신비로운 보석은 다양한 역할로 녹색의 아름다움과 의미를 사람들에게 전달한다.

■ 에메랄드의 가치

1695년에 발견된 'Mogul Emerald'는 217.80캐럿, 높이 10cm로 가장 큰 에메랄드 중 하나이다. 이 거대한 보석의 한 면에는 기도문이, 또 다른 한 면에는 화려한 꽃모양이 새겨져 있어 특별한 가치를 지닌다. 이 전설적인 에메랄드는 런던의 크리스티 경매에서 미화 220만 달러에 익명의 구매자에게 넘겨졌다.

오랜 시간 많은 이들의 선망의 대상으로 여겨져 온 에메랄드는 박물관과 왕실 컬렉션에서도 종종 볼 수 있다. 뉴욕의 자연사박물관에는 황제가 소유했던 에메랄드 컵과 632캐럿의 콜롬비아산 에메랄드 원석이 전시되어 있으며, 보고타은행의 컬렉션에는 220캐럿에서 1796캐럿까지 다양한 크기의 에메랄드 5개가 소장되어 있다. 이란의 황실 보석 컬렉션에도 다양한 에메랄드가 속해 있으며, 그중에서도 파라(Farah) 왕비의 티아라에 사용된 에메랄드가 유명하다. 이 왕관은 36개의 에메랄드, 105개의 진주, 34개의 루비, 2개의 스피넬, 1,469개의 다이아몬드가 장식되어 있다.

## (3) 에메랄드의 힐링에너지

■ 마음의 평온과 긍정을 불러오는 보석

5월의 탄생석으로 활용되는 녹색의 에메랄드는 푸른 초록의 대지와 산처럼, 보는 이들의 마음과 눈에 편안함을 가져다주는 진정의 보석이다. 녹색지구를 나타내는 스톤의 힘은 우리를 부정의 에너지로 부터 보호하고 긍정적인 행동을 하도록 도와준다.

에메랄드는 마음속의 선천적 사고를 현실의 행동으로 옮기는데 도움을 주며, 인내와 협동을 촉진하여 인생의 불행을 극복하는데 도움이 된다.

에메랄드는 진리를 분별하고 행동으로 표현하는 지혜를 상징하며, 우리 삶의 조화와 모든 수준에서의 관계를 구축하게 하는 '믿음과 신뢰의 보석'으로 우리의 가정과 사회에 성공과 사랑을 가져다준다.

에메랄드는 신체적인 측면에서도 효과적이다. 이 스톤을 바라보는 것만으로도 눈의 피로를 완화시켜주며 원인을 모르는 바이러스와 세균에 의해 발생되는 질병으로부터 자유롭게 해준다고 전해진다. 또한, 에메랄드의 부드러운 녹색 에너지는 피로를 풀어주고 스트레스로부터 심리를 회복시켜주는 자연의 복원력을 지녀 정서적 안정을 유지하게 해주며 감정 컨트롤을 도와 신체, 정신, 영혼의 밸런스를 잡아준다.

## 차크라 위치

가슴 차크라

## 에메랄드 힐링효과

심장, 척추, 근육, 눈, 간 및 췌장, 전염병 후 회복, 간 해독

## (4) 에메랄드의 오라에너지

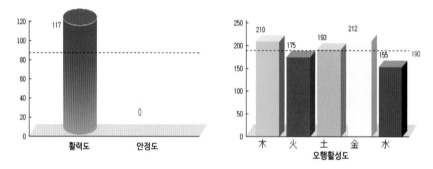

「 에메랄드를 착용하기 전의 오라에너지 」

40대 후반의 한 남성이 가정과 사업에서 겪는 어려움으로 극도의 스트레스와 죽음까지 생각할 정도에 이르게 되어, 주변의 권유로 상담을 택했다. 이 남성은 평소 수동적인 성향을 가지고 있어, 마음을 열고 내면의 문제를 공유하기까지 상당한 시간과 노력이 필요했다. 상담의 첫 단계로, 자신이 선호하는 색상을 선택하게 했다. 그는 마음의 안정을 찾고자 하는 무의식을 반영하듯, 그린 컬러를 선택했다. 이어서, 다양한 색상과 형태의 보석 중에서 마음에 드는 것을 선택하라고 하자, 그는 역시 그린 컬러의 보석들을 선택했다. 그 중에서도 에메랄드, 자연의 생명력과 평온함을 상징하는 보석에 특별히 끌려 했다. 이 선택을 통해, 그의 내면이 현재 어떠한 치유와 정화의 과정을 필요로 하는지 짐작할 수 있었다.

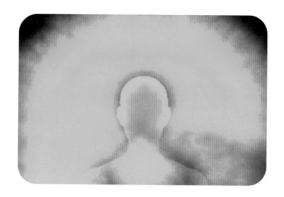

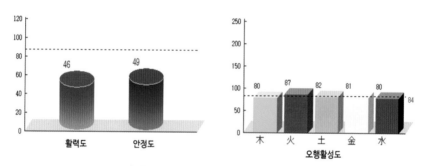

「 에메랄드를 착용한 후의 오라에너지 」

상담 과정에서 생체 전자기장을 측정해 주는 오라에너지 측정기를 활용하여 에메랄드 착용 전후의 변화를 관찰했다. 착용 전, 그의 오라는 검붉은색으로 나타났고, 안정도는 0에 가까운 상태로 매우 불안정한 상태였으며, 지나치게 높은 활력도를 보였다. 이는 그의 내면이 겪고 있는 심리적·정서적 불안정성과 과도한 스트레스 수준을 반영하는 것으로 해석될 수 있다.

그러나 에메랄드를 착용한 후, 그의 오라에 놀라운 변화가 나타났다. 오라의 색상이 밝은 초록색으로 변하였고, 안정도와 활력도 사이에 균형 잡힌 모습을 보였다. 활력도는 46으로, 안정도는 49로 큰 변화를 보여, 이는 오랫동안 많은 이들에게 알려진 에메랄드가 지닌 해독과 정화의 힐링 효과를 명확히 확인시켜 주는 결과였다.

# 14

## 오닉스_
### ONYX

(漢)縞瑪瑙, (中)缟玛瑙, (영)Onyx

## (1) 오닉스의 보석학적 특성

| 색 | 주로 흑색 (직선, 평행한 층상 여러 가지 색대) | | |
|---|---|---|---|
| 투명도 | 반투명~불투명 | 경도 | 6.5~7 |
| 비중 | 2.60 | 강도 | 좋음 |
| 결정정계 | 육방(삼방)정계 | 화학성분 | 이산화규소(SiO$_2$) |
| 확대검사 특징 | 균열면 무광택 | | |
| 주산지 | 브라질, 마다가스카르, 우루과이, 미국 | | |
| 보석말 | 건강, 수호 | | |
| 별자리 | 사자자리(7월 23일~8월 22일) | | |
| 보관 및 관리 | 일반적으로 초음파와 스팀 세척에서 안전하고,<br>미지근한 비눗물에서도 안전함 | | |
| 기타 | 밤 12시(자정), 7주년 결혼기념석 | | |
| 주요 차크라 | 뿌리, 태양신경총 | | |

## (2) 오닉스의 어원과 역사적 고찰

■ 오닉스의 어원

원래 오닉스의 어원은 그리스어의 onyx(손톱이나 줄무늬를 의미한다)에서 유래한다. 오닉스는 성서에서 여호와 대제사장의 흉패를 장식하는 것으로 전해지는 12가지 스톤 가운데 하나이기도 하다

■ 상징성과 믿음

고대 이집트에서 오닉스는 중요한 장식용 및 종교적 아이템으로 사용되었다.

이집트인들은 이 보석을 부적이나 장신구로 애용했으며 특히 장례식과 묘지에서 제례용으로 사용하기도 했다. 왕족이나 귀족들은 장식품의 재료로 오닉스를 즐겨 선택했다.

고대 메소포타미아에서도 다양한 장신구와 도장에 오닉스가 사용되었으며 왕이나 귀족의 권위를 상징하는 수단으로 활용되었다.

그리스 로마 시대에 이르러 오닉스는 대중적으로 매우 인기 있는 장식품이 되었는데 특히 오닉스 인장반지는 사회적 지위를 나타내는 중요한 상징물이었다.

오닉스는 여러 종교적 전통에서 보호와 강인함의 상징으로 여겨졌다.

중세 기독교에서는 오닉스가 신의 보호를 받는다고 믿었으며, 이슬람에서는 오닉스가 악운을 쫓는 힘이 있다고 여겼다.

중세 유럽에서 오닉스는 주로 종교적인 용도로 사용되었다. 성직자의 장식품, 교회의 장식품, 성물의 제작에 귀하게 쓰이면서 오닉스는 신성함과 권위를 나타내는 보석으로 여겨졌다.

오닉스의 광택과 오묘한 색조는 르네상스 시대의 예술가들에게 더없이 매력적인 소재였을 것이다. 이 시대에 제작된 조각과 장신구들은 뛰어난 아름다움으로 보는 이의 눈을 사로잡는다.

19세기에는 오닉스가 더욱 대중적인 장신구로 자리잡게 되었다. 이 시기에 오닉스는 특히 부유층 사이에서 인기 있는 보석이었으며, 많은 장식품과 기념품에 사용되었다.

현대에는 오닉스가 장신구, 인테리어 장식, 명상 및 치유 도구로 사용된다. 그 상징적 의미는 개인의 내면적 강인함과 안정감을 나타내는 것으로 해석된다.

오닉스는 그 긴 역사와 문화적 중요성 덕분에 보석의 세계에서 독특한 위치를 차지하고 있으며, 다양한 시대와 문화를 통해 인류와 함께 해 온 보석이다.

## (3) 오닉스의 힐링에너지

■ 깊고 신비로운 힘

깊고 신비로운 검은색을 가진 오닉스는 때로는 줄무늬가 있고 때로는 평범하며, 다양한 색상을 띠고 있다. 이 스톤은 검은색으로 뒤덮여 있어 빛을 반사하지 않아, 내부에는 많은 에너지를 내포하고 있다. 지구의 에너지를 고스란히 담고 있는 오닉스는 부정적인 에너지를 차단하고 우리의 에너지가 소모되는 것을 막아준다. 아랍어로서 'Onyx'라는 명칭은 '슬픔'을 의미하기도 한다.

그러나 고통과 슬픔을 덮어주며 힘과 결단력을 이끌어 내는 온전함이 있는 오닉스는 목표 달성과 임무수행을 위한 지혜를 제공하기도 한다.

블랙 오닉스는 낙관적인 희망과 낭만적인 삶을 즐길 수 있도록 우리에게 힘을 불어 넣어 주며 강력하고 안정적인 에너지를 제공하여 우리가 지구의 땅에 온전히 내릴 수 있도록 격려할 것이다.

블랙 오닉스는 정서적인 조화와 밸런스를 촉진하여 스트레스나 불안과 같은 감정적인 불균형으로부터 회복하는 데 도움을 준다.

이 스톤은 마음속의 걱정, 두려움 및 긴장을 완화하는 데 도움을 주며 희망과 긍정적인 에너지를 불어넣어 준다.

또한, 블랙 오닉스는 '덕의 스톤'으로 알려져 있어 정직과 인격의 강인함을 자극하며 결혼과 파트너십에서 지속적인 행복과 안정을 촉진시켜 준다.

오닉스와 사도닉스는 신체적으로 여러 가지 이점을 제공한다.

이 두 보석은 신경 기능을 개선하고 특히 귀와 관련된 기관을 강화하여 이명 치료에 도움을 주며 청력을 개선할 수 있으며 또한, 오닉스는 면역 체계를 강화하고 신체에 활력을 불어넣어 질병의 재발을 예방하는데 도움이 된다.

이 스톤들은 세포에 가해진 손상을 복구하고 체중 감량에도 도움을 주는 스톤으로 알려져 있으며, 성장 과정에서 통증을 겪는 어린이나 관절 및 근육 통증을 호소하는 노인들에게도 또한 유용할 수 있다.

더불어, 운동선수들이 신체의 한계에 도달할 때, 자신에게 가장 적합한 해결책을 찾도록 지원할 수 있다.

오닉스는 신경과민을 진정시키고 불안과 두려움을 제거하며 화를 가라앉히고 이성적인 사고와 자제력을 회복시켜 주변 환경에 대한 현명한 의사 결정 과정을 선물해 준다.

이로써 오닉스는 마음의 평화와 안정을 찾아가는 데 도움을 주며 긍정적인 변화와 성장을 촉진한다.

## 차크라 위치

태양신경총
차크라

뿌리 차크라

## 오닉스 힐링효과

우울증 개선, 신장, 눈, 뼈, 치아 및 연조직

## (4) 오닉스의 오라에너지

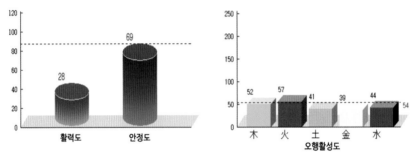

「 오닉스를 착용하기 전의 오라에너지 」

어린 시절부터 허약하고 왜소해서 체형에 대한 콤플렉스를 안고 살아온 한 젊은 남성은 신체적 한계를 극복하고자 강인한 남성미를 상징하는 근육질의 몸을 간절히 바랐다. 이 목표를 달성하기 위해, 그는 끊임없이 운동을 하였고, 결국 헬스장을 운영하는 단계에 이르렀다. 근육을 유지하고 더욱 발전시키기 위해, 그는 탄수화물 섭취를 엄격히 조절하고 단백질 보충제를 장기간 복용하며 식단을 철저히 관리했다.

그러나, 그런 노력이 건강상의 문제를 야기했다. 최근 그는 혈뇨와 이명 증상을 경험했고, 병원 검사 결과 신장 기능이 약화되었음을 알게 되었다. 의사는 이러한 문제가 과도한 단백질 보충제와 기능성 식품의 복용이 원인일 수 있다고 조언했다. 그는 처음으로 자신이 밥 대신 건강식품에만 의존해온 식습관이 건강에 해로웠을 수 있음을 깨달았다.

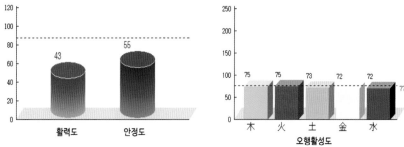

「 오닉스를 착용한 후의 오라에너지 」

이러한 상황에서 그는 다양한 보석 에너지를 경험하고 오라를 측정해 보기로 결정했다. 오닉스를 착용하기 전과 후 오라를 비교했는데, 오닉스 착용 이후 그의 오라에너지에 상당한 변화가 관찰되었다. 평소 운동을 꾸준히 하는 사람들의 오라는 주로 오렌지색으로 나타나고 활력도가 60 이상인 것에 비해, 그의 오라는 착용 전 활력도가 28로 낮게 측정되었다. 오닉스를 착용한 후에는 활력도가 상승하고 오라 컬러 분포도가 고르게 변화하였다.

오닉스는 신장 에너지를 강화하고 세포 손상을 복구하는 데 도움을 준다고 알려져왔으며 신체의 한계를 극복할 수 있도록 지원하는 파워스톤으로 널리 활용되고 있다. 오닉스의 에너지가 젊은 남성의 신체 및 정신적 안정을 찾는 데 큰 도움을 준 것으로 보인다.

# 15

## 옥 _ 비취 / 연옥
### JADE(JADEITE /NEPHRITE)

(漢)玉(翡翠(硬玉),軟玉), (中)玉(翡翠(硬玉),軟玉),(영)Jade(Jadeite, Nephrite)

## (1) 옥(비취/연옥)의 보석학적 특성

| | | | |
|---|---|---|---|
| 색 | 백색, 녹색, 황색, 갈색, 회색, 흑색, 등적색(비취), 연한 자주색(비취) | | |
| 투명도 | 비취: 반투명~불투명<br>연옥: 아투명~불투명 | 경도 | 비취: 6.5~7<br>연옥: 6~6.5 |
| 비중 | 비취: 3.34<br>연옥: 2.95 | 강도 | 우수 |
| 결정정계 | 단사정계 | 화학성분 | 비취: NaAlSi2O6<br>연옥:CA2(Mg,Fe)5Si8O22(OH)2 |
| 발색원소 | 비취(녹색): 크로뮴(크롬),철<br>연옥: 철 | | |
| 확대검사 특징 | 수지나 왁스 광택, 연옥: 흑색 내포물 | | |
| 주산지 | 비취: 미얀마(버마), 과테말라, 중국, 일본<br>연옥: 대만, 캐나다, 호주, 뉴질랜드, 중국, 미국, 러시아, 한국 | | |
| 탄생석 | 비취: 5월, 연옥: 6월 | 보석말 | 행운, 행복, 부귀, 존엄 |
| 보관 및 관리 | 초음파와 스팀 세척에서 안전하고, 미지근한 비눗물에도 안전함 | | |
| 기타 | 밤 9시, 12주년 결혼기념석 | | |
| 주요 차크라 | 가슴 | | |

## (2) 옥(비취/연옥)의 어원과 역사적 고찰

■ 비취(翡翠)와 연옥(軟玉)의 어원

한자어 비취(翡翠)는 물총새 날개와 몸통의 파란 색상에서 영감을 받아 만들어진 것으로 추정된다. '비(翡)'는 적색을, '취(翠)'는 녹색을 의미하는데 이 두 색의 조화로운 아름다움을 품은 보석이 곧 비취이다. 일설에는 왕을 의미하는 상형문자에서 변형되어 현재의 '옥(玉)'자가 되었다고도 한다.

영어로는 'Jade(제이드)'라고 불리며, 어원은 라틴어 단어 'Jade'이다.

옥은 특히 동양에서 오랜 시간 동안 사랑받아온 보석으로, '서양에는 에메랄드, 동양에는 비취' 라고 일컬어질 만큼 높이 평가되었다. '경옥' 과 '연옥'으로 분류되며 우리나라와 중화권에서 '비취'는 주로 경옥을 가리키는데 '본 비취'라는 용어가 사용되기도 한다.

이 두 광물은 외관상으로는 비슷하지만 실제로는 서로 다른 광물이다. 1863년에는 한 프랑스인이 '옥(Jade)'으로 불리는 광물을 조사하여, 이 광물이 모두 뛰어난 인성을 지녔지만 두 가지 다른 광물로 분류될 수 있다는 것을 입증했다. 그 후 '경옥(硬玉)'과 '연옥(軟玉)'으로 각각 명명되었다.

과거에는 녹색 보석 중 많은 종류가 제이드로 잘못 불렸으며, 경옥과 연옥을 구별하는 것은 어려웠기 때문에 이 두 광물을 모두 비취로 부르는 경우가 많았다.

비취는 다양한 색상으로 나타나며 가장 가치 있는 임페리얼 제이다이트(Imperial Jadeite)는 높은 크롬 함량으로 인해 에메랄드빛에 가까운 녹색을 띤다.

■ 비취의 길 : 미얀마에서 중국까지

비취의 가장 중요한 생산국은 미얀마로, 특히 투명한 임페리얼 제이다이트(Imperial Jadeite)로 널리 알려져 있다.

200년이 넘는 세월 동안 미얀마는 비취 원석을 중국에 수출해 왔다. 1769년 미얀마의 꼰바웅 왕조는 청과 군신관계를 맺고 비취 원석을 조공물로 바쳤다.

이로 인해 막대한 양의 비취가 중국에 들어오자, 청 황실과 귀족들 사이에서 비취 장신구가 대유행하기 시작했고, 이러한 영향으로 인해 오늘날까지도 중국에서는 비취가 최고의 보석 중 하나로 평가되고 있다.

중국 내 비취의 유행으로 이 시기 미얀마에는 중국인들이 대거 유입되기 시작했다. 비취 원석은 미얀마에서 중국으로 운송된 후 가공되는데, 이런 과정에서 중국에서만 사용하는 가공 기술을 미얀마에게 넘기지 않았고, 이로 인해 중국인들이 상당한 이익을 창출했다.

이러한 거래 방식은 현재까지도 유지되고 있다. 1885년 미얀마가 영국의 식민지가 되면서 미얀마에서 채굴된 막대한 양의 비취가 중국으로 수출되었는데 이 길을 '제이드 로드'라고 부를 정도로 큰 규모였다.

## (3) 옥(비취/연옥)의 힐링에너지

■ 행운과 풍요, 그리고 보호의 상징

연옥은 동아시아 예술과 밀접한 연관이 있는 녹색 음영의 규산염 광물이다. 스페인어로 'Jade-Piedra de Hijada'라고도 불리는데 이는 '허리의 스톤으'로, 방광과 신장 문제 치료에 효과가 있다고 여겨 붙혀진 표현이다.

칼슘과 마그네슘을 풍부하게 함유한 제이드는 한약 및 치유의 대명사 스톤으로 여겨 져 수천 년 동안 인류에게 영향을 미치고 있다. 옥은 행운과 풍요를 불러오는 부적으로 간주되며 또한, 평화와 웰빙을 상징하기도 한다.

일반적으로 어두운 색조의 옥은 접지, 자신감, 안정감과 관련이 있어, 직장 주변에 두거나 가정의 문지방에 두어 풍요와 보호를 상징하는 도구로 사용될 수 있다. 그뿐만 아니라, 옥은 사랑과 관련된 측면에서도 행운을 가져다준다.

이 스톤은 새로운 사랑을 지원하고 관계에 대한 신뢰를 증가시키는 데 도움을 주는데 특히, 나이나 성별과는 무관하게 내면 깊은 문제를 인식하고 우리의 감정과 마음을 온전히 이해하도록 도와 성숙한 사랑의 지원을 제공한다.

이러한 과정은 종종 불편한 진실을 마주하고 받아들이는 데 도움을 주며, 관계를 더 깊게 이해하고 발전시키는 데 도움이 될 수 있다. 이렇게 옥은 사랑과 관계에 대한 측면에서도 긍정적인 영향을 미칠 수 있는 소중한 스톤 중 하나이다.

■ 옥의 다양한 치유적 특성

연옥은 신체적으로 '비장 결석'이라고 불리며 신장과 비뇨기계 및 신장 시스템을 지지하고 치유하는 특성을 갖추고 있다. 이 스톤은 신체가 스스로 치유하는 과정을 촉진하며 성적인 문제에 직면한 사람들에게 자신감과 자존감을 높이고 낭만적인 사랑을 넘어 스스로를 믿고 세상과 조화를 이룰 수 있도록 돕는다.

또한 다산과 출산을 돕는 데도 사용되며 비장, 신장, 부신상샘에 영향을 미쳐 독소를 제거하고 불안한 마음을 진정시키는 속성을 가지고 있다.

정서적으로 옥은 자존감과 자신감 부족과 같은 정서적 문제를 해결하는데 도움을 주며 내적으로 평온하고 균형을 갖추도록 도와준다. 또한 꿈의 상징과 메시지를 이해하는 데도 도움을 주며 다른 삶의 영역을 이해하고 수용하는 데 활용될 수 있으며 사랑의 조화를 증진시키는 데 유용하다.

또한 옥은 미래에 대한 불안과 비밀감을 가진 사람들에게도 도움을 줄 수 있는데 두려움, 부적절함, 자신감 부족과 같은 감정을 재조정하고 조화롭게 조화시켜 미래에 대한 불안과 비밀감을 가진 사람들이 자신을 소중히 여길 수 있도록 돕는 놀라운 특성을 가지고 있다.

이러한 속성들은 옥을 우리 삶의 다양한 측면에서 중요한 도구로 만들어 준다.

## 차크라 위치

가슴 차크라

### 비취 / 연옥 힐링효과

비장, 신장, 열, 요로감염, 비뇨기계, 관절, 골격계

## (4) 옥(비취/연옥)의 오라에너지

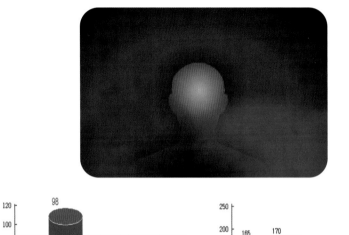

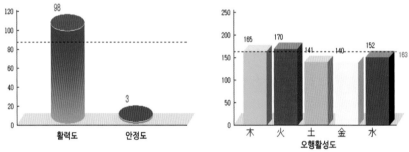

「 비취 / 연옥을 착용하기 전의 오라에너지 」

    50대 초반의 한 여성이 있었다. 그녀는 40대에 B형간염으로 큰 고통을 겪었으며, 현재는 갱년기 증상과 불면증으로 어려움을 겪고 있다. 얼굴은 항상 어둡고 피로해 보였으며, 눈은 충혈되어 있었다. 낮 시간에는 꾸벅꾸벅 졸거나 낮잠을 자는 일이 잦았고, 밤에는 이 생각 저 생각을 하며 고민과 걱정으로 숙면을 취하지 못하는 상황이 오랫동안 지속되었다. 결국 건강 악화로 이어져 직장까지 그만두고 집에서 휴식을 취하고 있었지만, 몸 상태는 조금도 나아지지 않았고 병원에서도 정확한 진단 결과가 없이 단순 만성피로라고만 하니 그녀는 매우 힘들고 불안한 상태였다.

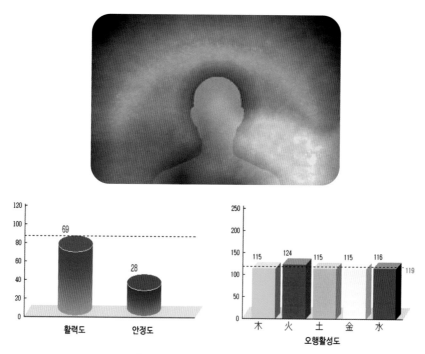

「 비취 / 연옥을 착용한 후의 오라에너지 」

이러한 상황에서 그녀는 상담중에도 피로감을 호소했으나, 보석 에너지 테스트를 통해 공작석과 옥을 착용했을 때에는 긍정적인 반응을 보였다. 특히 옥을 착용하기 전과 후 오라에너지를 비교해 본 결과, 그녀의 안정도 지수가 3에서 28로 상승했으며, 해독 에너지인 목(木) 에너지 역시 165에서 115로 안정화되었다. 이러한 오라의 변화는 비록 일시적일 수 있지만, 심신의 안정감을 돕는 효과가 있음을 보여준 사례다. 예로부터 옥은 심신의 안정을 돕고, 자존감과 자신감을 높여준다고 알려져왔는데 이번 임상을 통해 그 효과를 실제로 확인할 수 있었다.

# 16

## 문스톤 _ 월장석
### *MOONSTONE*

漢)月長石, (中)月光石, (영)Moonstone, Microcline Feldspar, Labradorite Feldspar

## (1) 문스톤(월장석)의 보석학적 특성

| 색 | 무색, 백색, 녹색, 오렌지, 회색 | | |
|---|---|---|---|
| 투명도 | 투명~불투명 | 경도 | 6~6.5 |
| 비중 | 2.58 또는 2.7 | 강도 | 약함 |
| 결정정계 | 단사정계 | 화학성분 | 칼륨장석(KAISi$_3$O$_8$) |
| 발색원소 | 철 | | |
| 확대검사 특징 | 지네상 내포물 | | |
| 주산지 | 스리랑카(실론), 미얀마(버마), 인도, 호주, 브라질, 마다가스카르, 탄자니아, 미국 | | |
| 탄생석 | 6월 | 보석말 | 감정적인 균형, 직관, 침착 |
| 별자리 | 사자자리(7월23일부터 8월22일경) | | |
| 보관 및 관리 | 초음파와 스팀 세척에서 안전하고, 미지근한 비눗물에는 안전함 | | |
| 기타 | 월요일, 13주년 결혼기념석 | 주요 차크라 | 크라운, 제 3의 눈, 가슴 |

## (2) 문스톤(월장석)의 어원과 역사적 고찰

■ 달빛을 담은 보석 '문스톤'의 어원

알칼리 장석 중에서 용출 과정에 의해 미세한 구조가 빛과 간섭하여 마치 달빛처럼 은은한 청백색을 내는 보석을 문스톤이라고 한다. 이 보석은 유럽에서는 17세기 중반까지 '달'을 의미하는 그리스어 '셀레네'에서 유래된 '셀레네티스'라고 불렸다.

힌두교의 신화에 따르면 맑고 영롱한 달빛이 응고된 것이 문스톤이라고 한다.

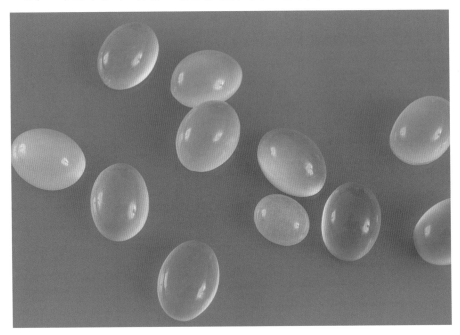

■ 문스톤의 상징성

고대부터 현대까지 문스톤은 희망과 행운의 상징으로 여겨져, 사람들은 이 보석을 몸에 지니면 행운을 누릴 것으로 믿었다. 지역에 따라 문스톤에 대한 믿음의 내용은 조금씩 다르지만 나름대로의 전통과 이유를 가지고 있다.

로마인들은 문스톤이 달빛에서 태어났다고 믿었으며 그리스인들은 위대한 달의 신들인 아켈로스, 포이베, 아르테미스, 셀레네, 헤카테를 상징하는 보석으로 숭배했다. 프랑스에서는 19세기 후반에 큰 인기를 얻게 되는데 이는 보석세공사이자 유리공예가로 유명한 르네 라리끄의 손에 의해 아름다운 문스톤 장신구들이 제작되었기 때문이다. 문스톤이 프랑스에서 특히 더 많은 관심과 사랑을 받는 이유이기도 하다.

인도에서는 문스톤을 신성하고 강력한 신비의 힘을 가진 스톤으로 여겼다.

이 스톤을 착용하고 잠을 자면 아름다운 환상을 보여준다고 믿어, 꿈의 스톤'이라고도 불렀다. 또한, 문스톤은 '연인들의 스톤'으로도 불리며, 사랑의 행운을 가져다준다고 믿어져 전통적인 결혼 선물로 사용되기도 했다. 보름달이 뜨는 시간에 문스톤을 입에 물면 커플의 미래를 예측할 수 있다는 이야기도 전해진다.

아랍 여러 나라에서는 여성들이 다산의 상징으로 여기며, 다산을 기원하는 의미로 문스톤으로 의상을 장식하기도 했다. 또한 풍작을 기원하는 부적으로 나무에 걸어놓는 전통이 있었다.

동양에서는 문스톤을 달빛이 굳어서 된 보석이라 여기며 좋은 정신이 깃들어 있다고 믿었다.

## (3) 문스톤(월장석)의 힐링에너지

■ 달의 마법을 지닌 보석

문스톤은 물의 요소와 음력 주기와 연결되어 차크라의 균형을 유지하고 삶의 자연스러운 변화의 시작과 끝을 인식하는 데 도움을 주는 우아한 스톤이다.

이 보석은 달과 직관, 공감과 강하게 연결된다고 여겨져 '새로운 시작'을 위한 내적 성장을 촉진하며 스트레스와 불안한 감정을 차분하게 안정시켜주고, 사랑과 사업에 대한 직관력을 향상시키며 영감, 행운, 성공을 불러오는 에너지를 전달하는 데 사용된다.

이 보석은 나트륨, 칼륨, 알루미늄, 규산염으로 이루어져 있으며 진주와 유사한 유백색을 띤다.

문스톤은 반투명하며 흰색과 회색뿐 아니라 주황색, 녹색, 분홍색, 갈색 및 무지개 색상의 다양한 변형이 있다. 장석류 중 문스톤은 다양한 치유 효과를 갖고 있어 우리의 몸과 마음에 균형을 이루는 보석으로 달의 마법을 지닌 강력한 치유 보석이다.

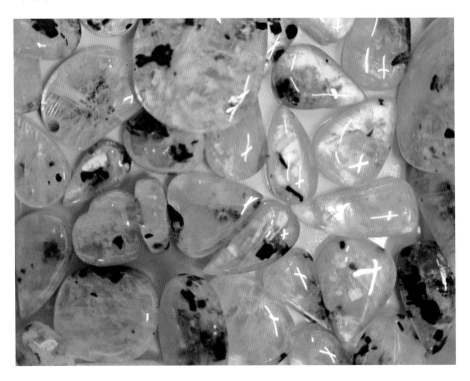

■ 균형과 수호의 에너지

문스톤은 신체적으로 여러가지 이점을 제공하는 보석 중 하나로 알려져 있다. 이 스톤은 영양분의 흡수와 소화기관의 활동을 돕고 독소와 부종을 제거하며 피부, 머리카락, 눈, 간, 췌장과 같은 신체 기관의 퇴행성 상태를 완화시켜주며 송과샘을 자극하여 호르몬 순환의 균형을 유지하는 데 도움이 된다.

그 결과, 임신, 출산 및 모유 수유에 도움을 주는 것으로 알려져 있으며 남성과 여성의 에너지 균형을 조절하고 남성이 여성적 면모를 갖게 하는 데도 도움을 줄 수 있다.

정서적으로는 문스톤은 달의 상징성을 대표하며 한밤중에 달빛이 춤추는 것처럼 보이는 아름다움과 고요함을 느끼게 해주는 돌이다.

이 스톤은 풍부한 여성적 에너지를 통해 가정의 조화와 존재의 소중함을 인식하도록 도와주며 부정적인 에너지로부터 스스로를 보호하는 데 도움을 줄 수 있다.

문스톤은 직관력을 향상시키고 변화와 관련된 두려움을 완화시키며 평화와 조화를 통한 균형을 찾게 도와주며 자신감을 향상시키고 삶을 열정적으로 대할 수 있도록 마음에 활력을 불어넣어 준다.

이 스톤은 예로부터 밤의 여행, 바다의 항해, 출산, 임신과 관련된 수호석으로 사용되어왔으며, 모든 종류의 사랑을 촉진하고 스트레스를 진정시키고 해소하는 데 강력한 도움을 주는 보석으로 알려져 있다.

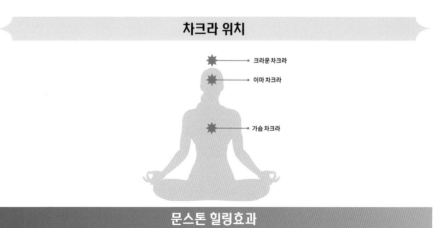

## 차크라 위치

- 크라운 차크라
- 이마 차크라
- 가슴 차크라

## 문스톤 힐링효과

독소, 부종 제거, 호르몬 순환, 임신, 출산, 모유수유, 불임

## (4) 문스톤(월장석)의 오라에너지

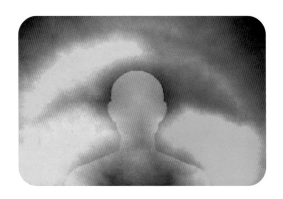

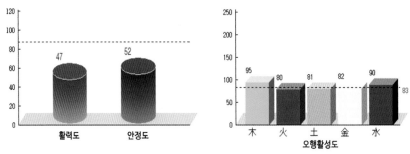

「 문스톤을 착용하기 전의 오라에너지 」

40대 중반의 한 여성은 7년 전 우측 유방암 수술을 받았고, 다행히 완치 판정을 받았다. 그러나 이러한 일을 겪은 후, 건강에 대한 염려가 깊어져 팔랑귀가 되어 사람들이 추천하는 제품이라면 뭐가 됐든 사서 먹는 습관이 생겼다. 다양한 종류의 건강 기능 식품을 동시에 섭취하였고, 그 결과 몸에 불필요한 부담을 주고 있었다. 특히, 해독에 중요한 역할을 하는 목(木) 에너지가 다른 오행 에너지에 비해 현저히 높게 나타났는데 이는 해독을 하는 데 많은 에너지가 필요해서 에너지 균형이 무너진 상태를 뜻한다.

그녀는 상담을 통해 건강 기능 식품의 섭취량 조절과 적절한 운동의 중요성에 대한 조언을 받았다.

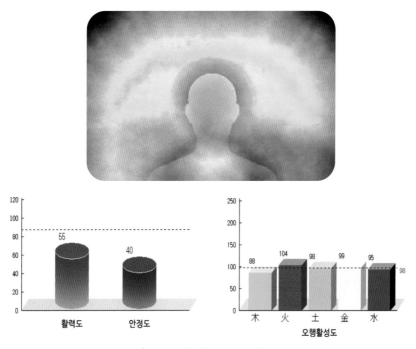

활력도     안정도

오행활성도

「 문스톤을 착용한 후의 오라에너지 」

    또한, 아로마와 보석 테스트를 통해 보조적인 도움을 모색하기로 했다. 여성 호르몬과 관련된 문제에는 문스톤이나 산호석이 효과를 나타낸다고 알려져 있는데, 이 여성도 문스톤에 긍정적인 에너지 반응을 보였다.

    문스톤을 착용하기 전과 후 오라에너지를 비교해본 결과, 그녀의 오라에너지 활력도는 47에서 55로 상승했으며, 특히 해독 에너지로 알려진 목(木) 에너지가 95에서 88로 안정화되는 긍정적인 변화가 관찰되었다. 이는 문스톤이 그동안 여성성을 상징하며 호르몬 균형에 도움을 준다고 알려진 바와 일치하는 결과였다.

# 17

## 자수정 _
### *AMETHYST*

漢)紫水晶, (中)紫晶,(영)Amethyst

## (1) 자수정의 보석학적 특성

| 색 | 보라색, 자주색 | | |
|---|---|---|---|
| 투명도 | 투명~아투명 | 경도 | 7 |
| 비중 | 2.66 | 강도 | 좋음 |
| 결정정계 | 육방(삼방)정계 | 화학성분 | 이산화규소($SiO_2$) |
| 발색원소 | 컬러센터<br>(철 불순물, 조사) | 내포결정체 | 침상(적철석) |
| 확대검사 특징 | 컬러조닝, 쌍정, 이상 내포물, 액체 내포물 | | |
| 주산지 | 브라질, 우루과이, 잠비아, 남미비아, 이란, 일본, 마다가스카르,<br>멕시코, 스리랑카(실론), 남아프리카공화국, 미국, 러시아, 한국 | | |
| 탄생석 | 2월 | 보석말 | 성실, 마음의 평화 |
| 별자리 | 물고기자리(2월19일~3월20일) | | |
| 보관 및 관리 | 초음파 세척은 일반적으로 안전하고, 스팀 세척은 피하고,<br>미지근한 비눗물에는 안전함 | | |
| 기타 | 오전 8시, 수요일,<br>6주년 또는 17주년 결혼기념석 | 주요 차크라 | 이마, 크라운 |

## (2) 자수정의 어원과 역사적 고찰

■ 자수정의 어원

자수정은 영어로 애머시스트(amethyst)로, 이 용어는 그리스어 '애머티스토스(amethystos)'에서 유래되었다. 이 단어의 의미는 '술에 중독되지 않는'이며, 고대 그리스에서는 이 보석을 몸에 지니면 술을 아무리 많이 마셔도 취하지 않는다고 믿었다 한다.

■ 동서양에서의 상징성

우리나라에서 자수정은 삼국시대부터 장신구에 부분적으로 사용되었을 뿐 서양에서처럼 널리 애용되지는 않았다.

이집트에서는 자수정을 황도 12궁 중 하나인 염소자리의 보석으로 주로 원석에 음각으로 새겨 사용하였다.

그리스인들은 자수정에 중독을 예방하는 능력이 있다고 믿었으며 그리스 신화에 나타나듯 먼 옛날부터 각종 장신구와 신표(信標)로 활용했다.

중세 기독교 사회에서는 종교적인 율법과 금욕의 상징으로 여겨 교회의 의전 제기, 추기경의 반지에 사용하였다. 또한 중세 유럽의 병사들은 자수정에 치유의 능력이 있다고 믿어 부적으로 착용하고 전쟁에 참가하기도 하였다.

18세기 이전, 자수정은 보라색이라는 특성 때문에 귀족이나 부자를 상징하는 보석이었다. 당시에는 보라색 염료를 얻는 과정이 매우 어렵고 많은 비용이 들었기 때문에 왕족이나 귀족들만이 보라색 옷을 입을 수 있었고 결과적으로 보라색은 귀족과 부유층을 상징하는 색으로 규정되었던 것이다.

### ■ 동양과 서양 의학에서의 자수정

자수정은 동서양 모두에서 의학적인 용도로 이용되었다. 특히 신경통, 관절염, 신장강화, 당뇨병, 두통, 편두통과 관련하여 큰 효과를 나타내는 보석으로 알려져 있어 약재로도 널리 이용되었다.

중국의 의학서 '본초강목'에서 자수정이 의료용으로 널리 사용되었음을 확인할 수 있으며 우리나라의 '동의보감'에도 자수정의 약효가 백수정의 두 배이며 따뜻한 성질을 지녔다고 기록되어 있다.

### ■ 세계 최고 품질의 보석, 우리나라 자수정

우리나라는 다양하고 많은 보석의 생산국은 아니다. 그러나 자수정만큼은 세계 제일의 품질을 자랑한다. 우리나라의 자수정은 내포물이 적고 투명도, 광택, 색상에서 최고의 평가를 받으며 실제로 런던 국제 보석 시장에서도 귀중한 보석으로 대접받고 있다. 경상북도 울산시, 언양읍 등지에서 채굴되며, 이 지역들은 고품질 자수정의 주요 생산지로 세계적으로 주목받고 있다.

## (3) 자수정의 힐링에너지

■ 보라빛의 에너지

자수정은 보라색을 띠는 몇 안되는 보석 중 하나로 그 아름다운 색채와 영적인 의미로 많은 형이상학적 특성을 가지고 있다. 보라색은 오랫동안 많은 사람들이 선호하는 색으로 부, 지위, 명성에 대한 염원을 상징하는 색으로 여겨져왔다.

이 스톤은 창의성을 촉진하고 기발한 아이디어를 떠올리는 데 도움을 주며 헌신적인 작업에 동기를 부여하며 생산성을 높이는 작업 테이블이나 사무실 책상 주변에 놓아두기에 적합하다. 자수정의 빛나는 보라색과 흰색은 역사적으로 감정과 정신의 절제를 상징하며 어떤 어려운 상황에 직면했을 때 냉정하고 이성적으로 상황을 판단할 수 있는 능력을 향상시켜, 우리의 무의식을 깨우치게 하고 삶의 경험을 통해 우리에게 필요한 것을 상기시켜 주는 역할을 한다.

■ 탁월한 신체적, 감정적 효능

자수정은 신체적으로 매우 유익한 성질을 갖춘 결정체이다.

화학요법, 방사선, 약물 치료 후에 신체 활력을 증진시키는데 탁월한 도움을 주고 부신, 생식기관, 심장을 강화할 수 있으며 폐, 췌장, 비장과 관련된 장애의 치료에도 기여한다.

또한, 생식능력을 자극하고 생식기관과 관련된 상태를 치료하는 데도 도움이 되고 면역체계를 강화하는데 도움을 주어 심각한 질병에서 빠른 회복을 지원할 수 있다.

또한, 자수정은 감정적으로 민감한 사람들에게 큰 도움이 된다. 자수정은 우리 자신과 다른 사람들의 감정을 조금 떨어져서 관찰하고 이해하도록 도와, 선택과 의사결정 과정에서 마음의 명료함을 제공하며 어려운 상황을 효과적으로 해결하기 위한 평화와 중재에 관한 아이디어를 더욱 명확하게 전달하도록 독려한다.

따라서, 감정적인 환경에서 안정을 찾고자 하는 사람들은 자수정을 지니고 현실과 확고한 사실에 뿌리를 내리도록 노력해야 한다.

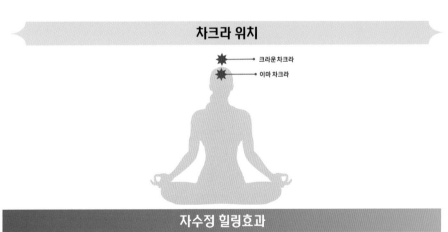

## 차크라 위치

크라운 차크라
이마 차크라

## 자수정 힐링효과

생식기관, 심장강화, 폐, 췌장, 세포재생, 스트레스 해소, 면역력 강화

## (4) 자수정의 오라에너지

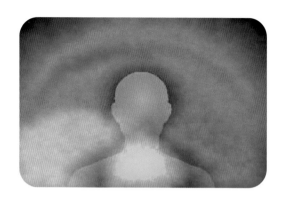

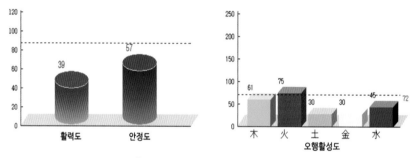

「 자수정을 착용하기 전의 오라에너지 」

    20대 후반의 한 여성은 대학 졸업 후, 학생 시절 아르바이트 경험을 바탕으로 학원을 열어 학원 원장이 되었다. 그녀의 일상은 주로 빵이나 인스턴트 식품을 섭취하고, 컴퓨터와 핸드폰 앞에 앉아 작업하는 시간이 길어 운동이나 건강에 좋은 생활 습관은 거의 없는 상태였다. 이러한 생활 패턴에 문제의식을 갖고 자신의 에너지 상태를 파악하고자 오라에너지 측정에 관심을 가지게 되었다.

    처음 측정한 그녀의 오라에너지는 붉은색과 보라색이 동시에 나타나고, 노란색, 남색, 파랑색, 초록색이 혼합된 복잡한 패턴을 보였다. 이러한 결과는 심신의 에너지 흐름이 좋지 않을 때 나타나는 현상으로, 몸 안의 에너지 환경이 매우 불안정함을 의미한다. 이에 그녀는 자수정을 착용하고 일정 기간 후 다시 오라에너지를 측

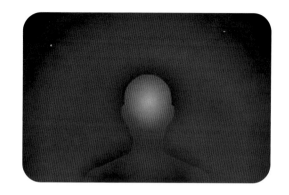

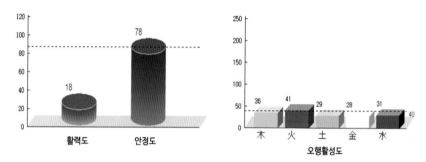

「 자수정을 착용 한 후의 오라에너지 」

정했다. 착용 후 측정 결과는 눈에 띄게 달라졌다. 오라의 컬러가 일정한 한 가지 컬러로 변했고, 전반적인 활력도는 낮아지고 안정도가 높아진 것을 확인할 수 있었다. 이는 치유 과정에서 자주 나타나는 전형적인 안정화 치유 패턴으로, 에너지가 몸 안으로 수렴될 때 일시적으로 나타나는 반응이며, 평상시 에너지 고갈이 심했음을 짐작게 해준다. 또한 오행 에너지값들도 처음에는 불균형하게 나타났지만, 자수정 착용 후에는 편차가 줄어든 상태로 변화하였다. 이러한 변화는 세포 재생을 돕고, 영감을 높이며, 면역력에 도움을 줄 수 있는 치유 에너지를 가지고 있다고 알려진 자수정의 힐링효과를 잘 보여준다.

# 18
## 투어멀린 _ 전기석
### 투르말린, 토멀린, 투어말린, 토르마린
## TOURMALINE

(漢)電氣石, (中)碧璽,(영)Tourmaline

*국립국어원의 외래어 표기(2025년 기준)는 '투르말린' 이나, 책에서는 업계에서 보다 익숙한 '투어멀린' 으로 하였음.

## (1) 투어멀린(전기석)의 보석학적 특성

| 색 | 모든 색 | | |
|---|---|---|---|
| 투명도 | 투명~불투명 | 경도 | 7~7.5 |
| 비중 | 3.06 | 강도 | 보통 |
| 결정정계 | 육방(삼방)정계 | 화학성분 | $(Ca, K, Na)(Al, Fe, Li, Mg, Mn)_3(Al, Cr, Fe, V)_6(BO_3)_3Si_6O_{18}(OH, F)_4$ |
| 발색원소 | 녹색: 철, 크로뮴(크롬), 바나듐, 청색: 철, 적색과 핑크: 망가니즈(망간) | | |
| 확대검사 특징 | 불규칙적으로 가늘고 긴 액체나 기체 내포물, 그물망 같은 조직 | | |
| 주산지 | 브라질, 아프가니스탄, 미얀마(버마), 인도, 케냐, 마다가스카르, 모잠비크, 파키스탄, 스리랑카(실론), 탄자니아, 미국, 러시아 | | |
| 탄생석 | 10월 | | |
| 보석말 | 환희, 안락, 인내 | | |
| 보관 및 관리 | 초음파와 스팀 세척을 피해야 하고, 미지근한 비눗물에는 안전함 | | |
| 기타 | 오전 6시, 8주년 결혼기념석, 신체 부위는 손톱 | | |
| 주요 차크라 | 가슴 | | |

## (2) 투어멀린(전기석)의 어원과 역사적 고찰

■ 투어멀린의 어원

투어멀린(Tourmaline)은 '서로 뒤섞인 색을 가진 광물'을 뜻하는 싱헐러어 (Sinhalese)인 'Toramalli'에서 유래되었다. 'Toramalli'는 1800년대 초기에 스리랑카 즉 실론(Ceylon)섬 원주민이 지르콘(zircon) 보석 광물을 가리킬 때 사용된 명칭이었다. 투어멀린(Tourmaline)은 다양한 색상으로 알려진 광물로, 고대 이집트에는 투어멀린의 무지개 색상을 따라 지구의 심장에서 태양까지의 먼 여정을 하는 전설이 전해진다. 기원전 2세기, 그리스인들이 아시아로부터 투어멀린을 수입하여 사용했다는 이야기도 있으며, 16세기 브라질에서는 투어멀린이 에메랄드로 오해되기도 했다.

■ 투어멀린의 전기적 현상

1703년 암스테르담에서 어린이들이 보석상에서 얻은 투어멀린 조각들을 가지고 놀고 있었는데, 그 중 작은 부스러기가 모닥불의 재에 끌려 붙어 '아셴트렉커(재를 끌어당기는 스톤)'라 불리게 되었다. 라듐의 발견으로 노벨물리학상을 받은 퀴리부인의 남편 피에르가 광물학자인 그의 형과 협력하여, 1880년 어느 날 투어멀린 결정에 외부에서 압력을 가하면 결정 표면에 전하(전기)가 발생하는 현상을 발견했다.

이 현상은 열을 가하면 발생하는 전기를 뜻하는 '피에조 초전기'로 명명되었으며, 이러한 발견으로 투어멀린은 '전기석'이라는 별명으로도 불리게 되었다. 피뢰침을 발견한 벤저민 프랭클린도 두 개의 투어멀린을 가지고 있었는데 이를 실험에 사용한 것으로 추정할 수 있다.


■ 투어멀린의 여정

녹색 결정의 투어멀린이 발견되고, 오랫동안 브라질에서는 정확한 성질을 파악하지 못했지만, 1768년에 스위스 박물학자 리나우스에 의해 녹색과 흑색 투어멀린이 동일한 성질을 가진 광석임이 증명되었다.

1822년 미국 메인주에서 붉은색과 노란색 투어멀린이 발견되었는데, 이로 인해 투어멀린 생산량이 증가하여 새로운 보석 시장을 형성했다.

한동안 메인주와 캘리포니아 주는 세계 최대의 투어멀린 채굴지로 손꼽히기도 했다. 근대에 들어 투어멀린은 보석으로서 유행하기 시작하여 현재는 10월의 탄생석으로 지정되어 안락과 희망을 상징하는 보석으로 각광을 받고 있다.

## (3) 투어멀린(전기석)의 힐링에너지

■ 긍정적인 변화를 이끄는 무지개 빛 보석

투어멀린은 무지개의 다양한 색상을 가진 전기석으로, 신비로운 미묘함을 품고 있는 보석 중 하나이다.

혼합된 색상의 알려지지 않은 보석이라는 의미를 지닌 이 보석은 인생에서 긍정적인 변화와 통찰력을 가져다준다.

투어멀린은 내면의 혼돈을 정화하고 긍정적인 에너지로 변화시키며 높은 수준의 인식과 효과적인 의사소통 능력을 증진시키는 데 사용되며 인내, 안정, 격려의 감정을 불어넣고 자존감을 향상시켜 줌으로써 우리의 능력이 과소평가되지 않도록 돕는다.

또한 자연과 지구와의 연결을 강화하여 건강에 해로운 습관을 바꾸고 더 건강하고 완전한 삶을 추구하는 지혜를 전해준다.

■ 화산의 비밀을 품은 여름 보석

워터 멜론 투어멀린은 망간, 크롬 및 리튬이 함유된 결정질 붕규산염은 수년 동안 화산 암의 결정 중 하나로 형성된다. 고대 화산에서 냉각된 용융 마그마에서 균열이 형성되고 미량 원소가 풍부한 물로 채워져 결정화되는데, 이러한 긴 프리즘과 크리스털은 본연의 빛나는 아름다움을 더욱 돋보이게 하기 위해 슬라이스로 커팅된다. 이렇게 커팅된 아름다운 여름 보석인 워터 멜론 투어멀린은 특별한 패턴으로 빛나며 어떤 장신구나 복장과도 어울리며 여름의 느낌을 더해준다.

■ 신체적, 정서적 효능

투어멀린은 신체적으로 여러 가지 이점을 제공해 준다.

먼저, 이를 통해 신경계뿐만 아니라 혈액 순환과 림프 시스템을 활성화시킬 수 있으며 편두통과 두통을 크게 완화할 수 있고, 체력을 향상시키고 피부질환을 개선하는 데 도움을 준다.

더불어, 체중 감량과 셀룰라이트 감소 노력에도 효과적이며 건강 악화 시 빠른 회복을 돕고 질병 및 부상으로부터 자연치유를 촉진시킨다.

정서적으로, 투어멀린은 스트레스를 완화하고 우리의 사랑 생활에 온전히 집중할 수 있도록 심신을 진정시키고 균형을 잡아준다.

또한 과거의 부정적인 기억과 경험으로부터 벗어나 감정적으로 성숙하게 대처하도록 의연함을 가져다준다.

우리 내부의 사랑을 강화하고 고통과 파괴적인 감정을 부드럽게 해소하여 보다 나은 인간관계를 유지하고 더 멋진 파트너와 연인으로서의 지속적인 관계를 유지하도록 우리에게 동기를 부여한다.

## 차크라 위치

가슴 차크라

### 투어멀린 힐링효과

우울증 완화, 스트레스, 진정, 트라우마 극복, 심장, 회춘, 신경계, 혈액, 림프 강화, 다이어트

## (4) 투어멀린(전기석)의 오라에너지

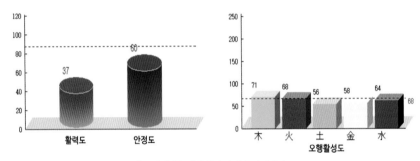

「 투어멀린을 착용하기 전의 오라에너지 」

　　50대 초반의 남성은 평소 허리 디스크와 좌골신경통으로 고통받아왔다. 병원 치료를 받았지만 진전은 없었고, 최근에는 마치 머릿속이 뿌옇게 안개처럼 흐릿해져 멍하게 있는 경우가 많았다. 이러한 신체적 고통 외에도, 명예퇴직 후 개업한 음식점이 코로나19로 인한 영업 손실을 겪으며 결국 문을 닫게 되고 심리적으로 크게 위축되어 삶의 재미를 잃어버린 상태였다.

　　그는 자신의 건강과 정서적 안정을 찾기 위해 상담을 선택했다. 상담 과정에서 척추에 도움이 되는 운동과 바른 자세를 유지하는 방법에 대해 조언을 받았고, 이후 맞춤형 아로마테라피와 보석 찾기 프로그램에도 참여했다.

　　상담중, 다양한 보석들을 살펴보던 그의 눈길이 투어멀린에 머물렀다.

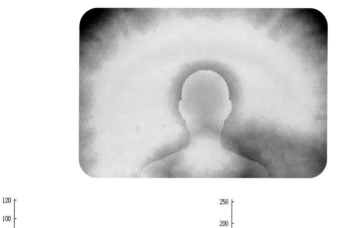

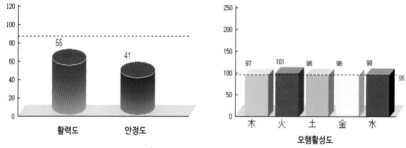

「 투어멀린을 착용한 후의 오라에너지 」

투어멀린을 착용한 후 오라에너지 측정기를 이용해 그의 오라를 다시 측정해보니, 착용 전에 비해 오라에너지 흐름이 크게 개선되었고, 오라 컬러도 더 밝아진 것을 확인할 수 있었다. 특히, 활력도는 37에서 55로 상승하였으며, 오행 활성도 역시 보다 균형 잡힌 상태로 변화했다. 이러한 변화를 경험한 그는 투어멀린의 다양한 색상에 매력을 느꼈고 마음이 밝아지는 것을 느낄 수 있었다고  표현하였다.

투어멀린은 생명 전기를 통해 인체의 에너지 흐름을 원활하게 하고, 우울증을 완화시키며 스트레스를 진정시키는 데 도움을 주는 힐링 보석으로 그동안 대중적으로 널리 알려져왔다. 이번 임상 테스트를 통해 투어멀린이 왜 건강 보석으로 불리며 많은 사람들에게 인기가 있는지 보다 확연하게 알 수 있었다.

# 19

## 진주 _ 펄
### PEARL

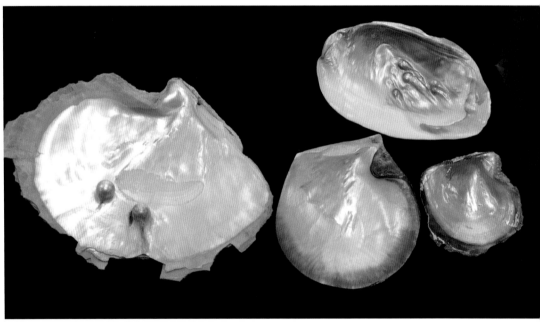

(漢)眞珠, (中)珍珠, (영)Pearl

## (1) 진주의 보석학적 특성

| 색 | 백색, 연황색(크림색), 흑색, 오버톤색: 핑크(로제), 녹색, 청색 | | |
|---|---|---|---|
| 투명도 | 아투명~불투명 | 경도 | 2.5~4 |
| 비중 | 2.72~2.78 | 강도 | 보통 |
| 결정정계 | 유기질 | 화학성분 | 탄산칼슘($CaCO_3$) + 콘키올린 (Conchiolin) + 물($H_2O$) |
| 발색원소 | 유기질(카로티노이드) | | |
| 확대검사 특징 | 등고선 표면구조 | | |
| 주산지 | 일본, 중국, 남태평양 연안(호주, 미얀마(버마), 필리핀, 타히티), 미국 천연진주: 페르시아만, 스리랑카(실론) | | |
| 탄생석 | 6월 | | |
| 보석말 | 건강, 장수, 부, 순결 | | |
| 보관 및 관리 | 초음파와 스팀 세척을 피해야 함 | | |
| 기타 | 월요일, 3주년 또는 30주년 결혼기념석, 행성 중 달 | | |
| 별칭 | 신체 부위는 치아 | 주요 차크라 | 가슴, 이마 |

## (2) 진주의 어원과 역사적 고찰

■ 진주의 어원

진주는 연체동물(Mollusc) 중 일부 이매패(Bivalves)와 복족류(Gastropod)에서 생성되는 유기질 보석으로, 어원은 'perna'라는 조개 종류나 구형을 의미하는 'Sphaerula'에서 비롯된 것으로 추측된다. 진주는 살아있는 조개들이 모래나 조개 껍데기와 같은 외부 물질(핵)의 침입으로부터 자신을 방어하고 보호하기 위해 탄산칼슘과 단백질을 분비하는 과정에서 진주층이 형성된다.

진주가 형성되는 과정에서 핵이 자발적으로 들어가는 경우와 인위적으로 삽입되는 경우 두 가지로 나뉘며, 이에 따라 천연진주와 양식진주로 구분된다. 또한 진주를 생성하는 조개류의 종과 서식 환경에 따라 진주의 색상, 광택, 크기 등이 다양하게 나타난다.

■ 아름다움과 권위의 보석

진주는 권위와 아름다움을 상징하는 보석으로 오랜 역사를 지닌다. 클레오파트라 여왕이 미용을 위해 진주를 식초에 녹여 마셨다는 전설이 전해지며, 기원전 9세기 그리스 시인 호메로스는 그의 저서 '오디세우스'에서 '그대가 흘린 눈물은 아름다운 진주로 변하여 간신히 얻은 행복을 열배로 나에게 되돌려 주나니'라며 진주의 아름다움을 감동적으로 노래했다. 그뿐만 아니라, 기원전 4200년 전에 중국의 공자가 서술한 상서에는 당시 중국에서 진주를 공물로 사용한 사실이 기록되어 있다. 고대 페르시아에서는 귀족들이 부의 상징으로 진주를 몸에 두르고 다녀 당시 화폐나 초상화에는 진주 귀걸이와 목걸이로 장식한 왕비들의 모습을 쉽게 찾아 볼 수 있다. 특히 13~14세기, 에메랄드나 루비 등의 다른 보석에 대한 연마 기술이 아직 발달하지 않았던 시대에는 진주가 귀중한 보석으로 취급되었다.

유럽의 왕실 특히 영국 왕실의 여왕들은 오랜 기간 동안 진주를 매우 선호했다. 특히 엘리자베스 1세는 진주를 자주 착용하여 당시 상류 사회의 패션을 주도하는 역할을 하기도 했다. 이런 영향으로 여왕들의 초상화에는 큼직한 진주들이 장식으로 등장하는 것이 일반적이었으며, 그들의 위엄과 권위를 강조하는 요소로 활용되었다.

■ 역사적으로 유명한 바로크 진주

'캐닝 보석(Canning Jewelry)'은 유명한 바로크 진주로, 남자 인어상으로 세공된 진주이다. 이 진주는 1860년경 인도 총독인 찰스 캐닝(Charles Canning)이 인도에서 획득한 것으로 알려져 있으며, 어떤 기록에서는 그가 인도에서 시행한 우수한 정책에 대한 감사의 선물로 받은 것으로 언급되어 있다.

소유에 대한 자세한 경위는 알려져 있지 않지만, 캐닝이 인도 총독직에서 물러난 후에도 이 보석을 가지고 영국으로 돌아와서 '캐닝 보석'으로 불리며 빅토리아-앨버트 박물관에 전시되어 오늘날까지 역사적으로 소중히 보존되고 있는 보석 중 하나이다. 또한, 이란 혁명으로 추방된 이란의 팔레비 왕가의 파라 왕비가 1967년 대관식에도 착용한 왕관에도 상당히 큰 바로크 진주가 조화롭게 자리하고 있다.

# (3) 진주의 힐링에너지

■ 지혜의 보석

진주는 내면의 지혜를 상징하며 우리 자신을 보호하고 감정을 진정시켜 주는 보석으로 알려져 있다. 땅에서 나는 다른 보석들과는 다르게 진주는 민물과 바닷물에서 모두 형성되며, 진주의 층이 양파처럼 겹겹이 쌓이면서 동심원 모양을 형성하는데, 이러한 층이 많을수록 진주의 크기가 커지며 겹치는 층들은 무지개 빛깔의 광택을 만들어 독특하게 빛난다. 진주는 다양한 색상으로 발견되며 여러 지역에서 채취된다. 천연진주는 캐럿으로 측정되는 다른 보석과는 다른 무게 단위로 표시되며 1펄그레인을 만들기 위해서는 약 4알의 진주가 필요하다.

또한, 진주는 그 독특한 아름다움과 상징적인 의미로 많은 문화와 종교에서 소중히 여겨지고 있으며 도교, 힌두교, 불교에서는 '진주'가 우리의 내면의 지혜를 상징하고 우주의 신성한 에너지와의 연결을 강화한다고 여겨진다.

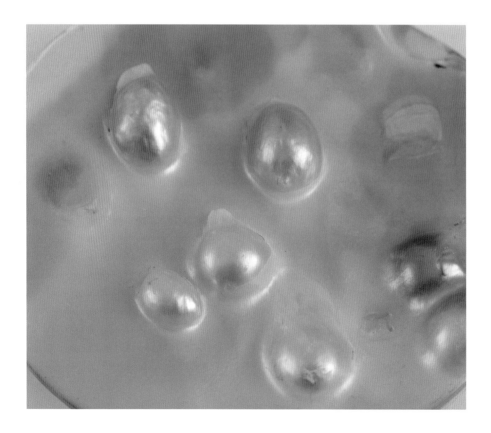

■ 건강과 풍요로운 삶의 상징

진주는 신체적으로는 소화장애 및 근육 시스템의 치료를 돕고 신체의 균형과 자연스러운 리듬을 유지하거나 회복하는 데 도움이 된다. 또한 호르몬 수치를 조절하며 만성 기관지염, 천식 및 결핵과 같은 폐 질환을 앓는 사람들에게 유용하게 쓰인다. 진주는 햇빛에 노출된 피부의 발열과 멜라닌 색소 생성을 조절하여 피부 건강을 촉진하고 피로, 두통, 고혈압과 같은 스트레스로 인해 발생하는 특정 질병의 증상을 완화시켜 줄 수 있다. 정서적으로 진주는 매우 여성스러운 에너지를 전달하며 달과 강한 연관성을 가지고 있어 생리주기 동안 감정적으로 고통받는 여성에게 기분을 전환하고 감정적인 불균형을 완화하는 데 도움을 줄 수 있다.

이러한 이유로 전 세계 문화에서 진주는 성공, 재물, 풍요, 번영의 상징으로 인정받고 있다. 또한, 진주는 새로운 시작과 모든 상황이 잘 풀릴 것임을 믿는 데 도움을 주며 진리와 높은 지혜를 찾는데도 기여한다. 진주는 개인의 무결점을 강화하고 주의를 집중시키는 데 도움을 주며 순결과 진실의 상징으로도 알려져 있다.

마지막으로, 건강한 자기 사랑을 촉진하여 우리가 더 관대해지고 다른 사람들에게 사랑을 베풀 수 있도록 도와준다.

## 차크라 위치

이마 차크라

가슴 차크라

## 진주 힐링효과

폐질환, 천식, 기관지염, 심장, 간, 신장, 고혈압, 두통, 소화관장애, 피부미용

## (4) 진주의 오라에너지

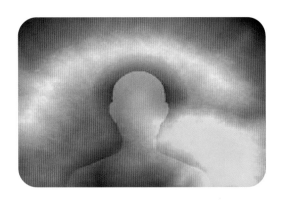

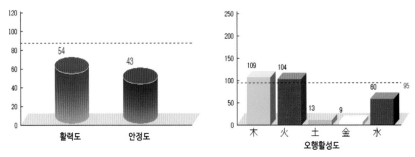

「 진주를 착용하기 전의 오라에너지 」

   고등학교 3학년에 재학중인 한 여학생은 수험생활의 무게로 인해 얼굴은 어둡고 지쳐 보였으며, 고된 일상은 그녀의 피부에도 영향을 미쳐 트러블로 민감해진 상태였다. 수험생활로 인한 스트레스와 우울감은 물론, 소화기 문제와 만성변비까지 겹쳐 내담자의 일상은 더욱 힘겨워 보였다.

   이러한 상황에서 상담을 통해 자신에게 맞는 에너지 보석을 찾아보기로 결정했다. 여러 보석 중 황수정, 호박 그리고 진주의 에너지에 긍정적인 반응을 보였고, 그중 특히 진주에 대한 에너지 반응이 두드러졌다. 처음 오라에너지를 측정했을 때는 오라에너지 흐름이 막혀 있었고, 오행 활성도의 격차가 심하게 나타났다. 그러나 진주를 착용한 후에는 놀라운 변화가 나타났다.

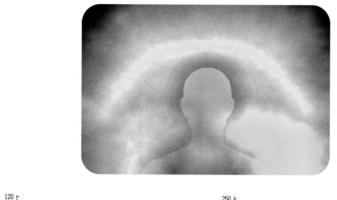

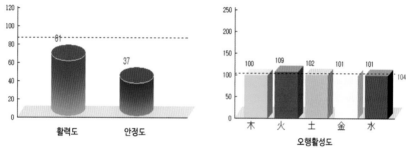

「 진주를 착용한 후의 오라에너지 」

   진주를 착용하기 전과 비교했을 때, 착용 후 활력도가 상승했으며, 특히 폐와 대장, 피부 건강과 연결되어 있다고 알려진 금(金) 에너지가 9에서 101로 크게 상승했다. 또한, 소화기 에너지와 관련된 토(土) 에너지도 13에서 102로 상승하여, 오행 활성도의 균형이 크게 개선되었다.

   이 결과는 진주가 가진 특별한 힐링 효과를 보여준다. 바닷속에서 외부로부터 침입한 이물질을 감싸안아 영롱한 진주를 만들어내는 과정은 마치 사람이 내면의 상처와 문제를 치유하며 성장해가는 과정과 닮았다. 폐와 대장, 소화기 및 피부 건강에 긍정적인 영향을 미친다고 알려진 진주의 힐링 에너지를 이번 임상 결과로 잘 확인할 수 있었다.

# 20

## 아마조나이트 _ 천하석
### *AMAZONITE*

(漢)天河石, (中)天河石, (영)Amazonite

## (1) 아마조나이트(천하석)의 보석학적 특성

| 색 | 녹색, 녹청색, 백색 | | |
|---|---|---|---|
| 투명도 | 반아투명~불투명 | 경도 | 6~6.5 |
| 비중 | 2.56 | 강도 | 약함 |
| 결정정계 | 삼사정계 | 화학성분 | 규반칼륨($KAlSi_3O_8$) |
| 발색원소 | 컬러센터(납과 물) | | |
| 확대검사 특징 | 격자무늬 내포물, 얼룩덜룩한 채색 | | |
| 주산지 | 브라질, 마다가스카르, 노르웨이, 미국, 러시아 | | |
| 보관 및 관리 | 초음파와 스팀 세척을 피해야 하고, 미지근한 비눗물에는 안전함 | | |
| 기타 | 희망, 성취 | 주요 차크라 | 목, 가슴 |

## (2) 아마조나이트(천하석)의 어원과 역사적 고찰

■ 아마조나이트의 어원

아마조나이트(Amazonite)는 미사장석 중 옅은 녹색을 띠는 특별한 종류로, 그 어원은 아마존강 근처에서 발견된 연옥과 녹색 장석에서 유래된 '아마존 스톤(amazonstone)'으로 알려져 있다. 자연계에서 흔하게 발견되지만, 보석 등급의 천하석은 미사장석 가운데 특히 아름다운 색상을 갖는 것들만이 선택되어 보석으로 사용된다.

■ 아마조나이트의 역사

아마조나이트는 이집트와 메소포타미아의 고고학적 발견을 통해 그 존재가 확인되어 수천 년에 걸쳐 사용되었음이 증명되었다. 중세시대나 고대 권위자들의 문헌에는 언급되지 않은 것으로 전해진다. 이 스톤은 1847년 독일의 지질학자 A.Breithaupt에 의해 처음으로 세상에 알려졌으며, 이는 최소 4000년 전부터 이집트, 인도, 메소포타미아와 같은 고대 문명에서 사용되었음이 증명되었다. 이스톤은 고대 문화의 보호구, 부적, 장신구, 생활용품 등 다양한 용도로 사용되었으며, 투탕카멘의 무덤에서도 아마조나이트로 만든 스카라베(풍뎅이 모양) 반지가 발견되었다.

■ 한국의 아마조나이트

　우리나라에서도 강상 무덤과 누상 무덤 등 고조선 시대의 유적에서 대리석, 활석, 벽옥, 수정, 마노등 아름다운 색과 높은 투명도를 가진 다양한 스톤으로 만들어진 구슬들이 출토 되었는데, 천하석, 즉 아마조나이트도 포함되어 있다. 또한, 경상대학교 박물관이 1997년 산청 옥산리 청동기 유적지에서 수습한 출토 유물 중에도 아마조나이트로 알려진 옥기류가 포함되어 있었다. 한국에서는 신라 시대부터 주로 녹색 색조로 사용되었으며, 이 중에서도 담녹색, 농녹색 등이 주요한 색조였으나, 경주 지역에서는 산출량이 풍부하여 그다지 귀하게 여겨지지는 않았다고 한다.

## (3) 아마조나이트(천하석)의 힐링에너지

■ 희망과 평화의 돌

아마조나이트는 물과 같은 풍부하고 자유로운 흐름의 색조를 갖는 원석으로 그 명칭은 아마존 강에서 파생되었지만 실제로는 아마존지역에서 나오지 않는다. 이럼에도 불구하고 아마조나이트는 오랜 역사 동안 아마존지역의 주민들과 깊은 관련이 있다. 기원전 10세기 경에 아마존 부족 여성 전사의 방패에 밝고 푸르스름한 녹색의 아마조나이트가 사용되었으며, 투탕카멘 왕의 무덤에서 발견된 황금 가면은 '희망의 스톤'으로 불리며 이를 착용하는 사람들에게 희망과 믿음을 불러일으키는데 사용되었다. 아마조나이트는 장석 구조 내에서 납과 물의 조합으로 인해 눈부신 에메랄드 색조와 얼룩무늬의 연녹색 스펙트럼을 가졌으며, 이것은 이집트인들에게 아마존강의 물빛을 닮아 차분하고 마음을 진정시키는 '평화의 스톤'로 여겨져 왔다.

흙과 물의 원소와 연관되어 있는 아마조나이트는 우리의 마음에서 부정적인 패턴을 분산시키고 더 긍정적인 방식으로 삶을 대하는 태도를 갖도록 독려하는 놀라운 보석이다.

■ 자연 치유의 힘을 가진 스톤

아마조나이트는 신체적으로, 칼슘 흡수를 촉진하여 뼈 건강을 지원하고 윤기 있고 건강한 모발을 유지하는 데 도움을 준다. 또한 세포 재생을 촉진시키는 데 탁월하며 특히, 질병, 부상 또는 신체 건강문제가 자연 치유를 통해 회복되도록 빛나는 치유력을 제공한다.

아마조나이트를 물에 담가서 활용하면 여드름 등의 피부 문제로 고민하는 사람들이 피부 건강을 회복하고 이를 통해 스트레스와 불안을 완화하도록 돕는다. 아마조나이트는 정서적으로 트라우마를 경험한 사람들에게 큰 도움을 준다. 이 스톤은 우리에게 과거의 상처를 치유하고 그로부터 놓아주는 법을 배우도록 도와주며, 큰 문제에 대처하는 힘을 길러준다. 또한 우리에게 주고받는 사랑의 기쁨을 느끼게 하고 진실의 소리를 듣도록 우리의 마음을 열어주며 자아를 발견하도록 도와준다. 마음의 불균형으로 인해 다른 사람을 신뢰하지 못하거나, 세상의 친절에 의심을 갖고 자신의 감정을 나타내는 데 어려움을 겪는 사람들에게 특히 도움이 된다. 무엇보다도, 아마조나이트는 다른 사람의 기대보다 우리 자신의 진실이 무엇인지를 중요하게 생각하도록 도와, 불안과 자기 파괴적인 생각을 진정시키는 데 도움을 주는 특별한 힘을 가지고 있다.

## 차크라 위치

목 차크라

가슴 차크라

**아마조나이트 힐링효과**

세포재생, 뼈건강, 발진, 여드름, 피부미용, 트라우마, 스트레스완화

## (4) 아마조나이트(천하석)의 오라에너지

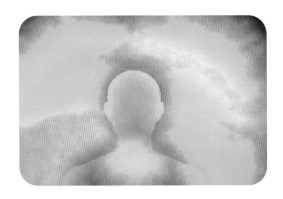

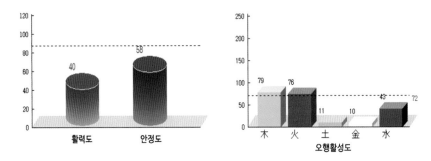

「 아마조나이트를 착용하기 전의 오라에너지 」

　20대 중반의 남성이 우울감과 낮은 자존감으로 상담을 요청했다. 그의 삶에는 여러 어려움이 있었다. 척추측만증이 있었고, 담배를 끊었다 다시 피우는 반복적인 행동으로 기관지와 폐가 좋지 않았다. 게다가, 그는 오랜 시간 만나온 첫사랑과 최근에 이별을 겪었으며, 원하지 않는 대학에서 공부한다는 현실에 대한 불만도 있었다.

　상담 과정에서 그에게 가장 끌리는 색상을 선택하라고 하니, 그는 터키석을 택했다. 이어서 끌리는 보석을 선택하라고 했을 때에도, 그는 밝은 터키석 색상의 아마조나이트를 선택했다. 이러한 선택은 그가 내면적으로 추구하는 자기 표현과 치유의 욕구가 잘 반영된 것으로 보였다.

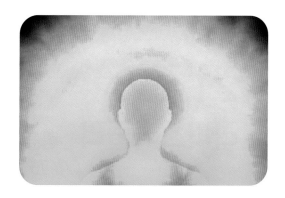

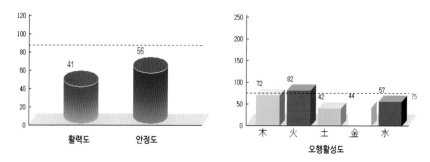

「 아마조나이트를 착용한 후의 오라에너지 」

아마조나이트를 착용하기 전 오라에너지를 측정했을 때, 그의 에너지는 좌우로 완전히 분리된 상태였으며, 오행 에너지의 균형이 매우 나빴다. 이후, 아마조나이트를 착용하고 그에게 호흡을 조절하며, 지구 깊숙한 곳에서 에너지를 모아 광물이 되기까지의 긴 시간을 상상하는 보석 명상으로 이끌었다.

이러한 보석에너지 명상 후 오라에너지를 다시 측정한 결과, 놀랍게도 좌우로 분리되어 있던 오라에너지의 흐름이 연결되었고, 오행 에너지 수치도 이전보다 훨씬 균형 잡힌 형태로 개선되었다. 이는 세포 재생에 도움을 주고, 트라우마와 스트레스를 완화시키는데 도움을 준다고 알려진 아마조나이트의 힐링 효과를 잘 보여주는 임상 사례다.

# 21

## 라피스라줄리 _ 청금석
### *LAPIS LAZULI*

(漢)靑金石, (中)靑金石, (영)Lapis Lazuli

## (1) 라피스라줄리(청금석)보석학적 특성

| 색 | 청록색, 청보라색, 백색(방해석) | | |
|---|---|---|---|
| 투명도 | 반아투명~불투명 | 경도 | 5~6 |
| 비중 | 2.75 | 강도 | 보통 |
| 결정정계 | 암석 | 화학성분 | 암석(라주라이트, 방해석, 황철석으로 구성) |
| 발색원소 | 라주라이트(청색):(유)황 | 내포결정체 | 황철석, 방해석 |
| 주산지 | 아프가니스탄, 칠레, 러시아 | | |
| 탄생석 | 12월 | 보석말 | 건강,성공,금전,사랑 |
| 별자리 | 염소자리(12월 25일~1월 19일) | | |
| 보관 및 관리 | 초음파와 스팀 세척을 피해야 하고, 미지근한 비눗물에는 안전함 | | |
| 기타 | 새벽 4시, 9주년 결혼기념석 | | |
| 별칭 | 신체 부위는 눈, 간 | 주요 차크라 | 목, 이마 |

## (2) 라피스라줄리(청금석)의 어원과 역사적 고찰

■ 라스피라줄리의 어원

라피스라줄리는 '푸른 스톤'이라는 의미를 가진 이름으로, 이는 라틴어로 청색을 뜻하는 '라즈르(Lazur)'와 스톤을 뜻하는 '라피스(Lapis)'라는 단어의 결합이다. 이 이름은 중세 라틴어에서 '천상의 스톤'을 의미하며, 한자로는 '천람석(天藍石)' 즉, '하늘의 푸른 스톤'으로 번역한다.

■ 세계를 매료시킨 보석

인류가 라피스라줄리를 사용하기 시작한 시기는 기원전 5000~6000년 무렵으로 추정된다. 당시 라피스라줄리 광산 중 하나가 아프가니스탄 동부 판지시르 계곡에 위치하고 있었는데, 이 광산은 동방견문록(東遊錄)에도 언급된 유명한 광산이었다.

당시 이 광산은 유일한 라피스라줄리 광산으로, 이곳에서 채굴된 라피스라줄리는 선명한 색과 아름다움으로 인해 여러 군주들을 매료시켜 세계 각지로 판매되었다. 서쪽으로는 수메르의 여러 도시를 비롯하여 고대 이집트의 여러 지역까지 교역되었으며, 동쪽으로는 중국까지 수출되기도 했다.

라피스라줄리는 최고급 보석 중 하나로 여겨졌으며, 불상을 만드는 독특한 소재로도 활용되었고, 수메르의 길가메시 서사시에도 빈번하게 나타나는 중요한 소재였다.

고대 이집트는 라피스라줄리를 많이 사용하였으며, 특히 투탕카멘 고분의 장식에 널리 사용되었다.

이집트 사람들은 라피스라줄리를 다른 어떤 보석보다도 귀하게 여겨서, 금과 마찬가지로 소중하게 다루었다.

기원전 300년 경에는 알렉산더 대왕의 원정군에 의해 유럽에도 알려지게 되었다. 12세기 이후 몽골 제국의 번성으로 동서양 교역로가 안정되자, 라피스라줄리는 레반트 지역과 몽골 제국에까지 유통되어 큰 인기를 얻었다.

중국에서도 라피스라줄리는 귀한 보석으로 여겨졌으며, 마르코폴로는 동방견문록에 1271년 동양의 라피스라줄리 광산을 탐사했다고 기록했다. 이처럼 라피스라줄리는 오랜 역사를 가진 보석으로, 불투명하고 광택이 없는 군청색을 가지고 있어 예전 일본에서는 군청색의 물감으로 사용되기도 했다.

■금을 돋보이게 하는 라피스라줄리

짙푸른 색상과 황금빛이 혼합된 라피스라줄리는 마치 금속이 뿌려져 있는 것처럼 보이며, 황금과 아주 잘 어울리는 원석 중 하나이다.

메소포타미아의 수메르인들은 뛰어난 금세공술을 보유하고 있었으며, 그들의 유물을 통해 금을 더욱 돋보이고 빛나게 하기 위해 라피스라줄리를 사용한 것으로 추정된다.

## (3) 라피스라줄리(청금석)의 힐링에너지

■ 자기 연마와 보호의 스톤

고대의 스톤인 라피스라줄리는 짙은 푸른색으로 빛나며 하늘과 연결되는 신화와 전설로 유명하며 오랫동안 사랑받아온 보석이다. 이 스톤은 자기연마와 보호의 특성을 지니고 있어 주변에 존재하는 부정적인 에너지와 방사선을 제거하고 우리 주변의 환경을 정화하여 해로운 영향으로부터 우리를 보호하는 역할을 한다. 또한 청금석은 주변의 에너지와 균형을 맞추어 주어 안전하게 미래를 향해 나아갈 수 있도록 도와준다. 이 스톤은 우리에게 방향을 제시하여 우리의 삶을 안정시키고자 하며, 신체와 마음의 건강을 촉진하며 긍정적인 에너지와 균형을 유지하는 데 도움을 주는 소중한 보호 스톤 중 하나이다.

■ 내면의 진리와 성장을 위한 보석

라피스라줄리는 우리의 자유로운 생활과 내면의 진실을 표현하는 데 도움을 주며, 깊은 지혜와 내적 명확성, 판단력을 개발하는 데 도움을 줄 수 있는 보석이다.

이 보석은 우리가 보다 보편적인 진리를 탐구하도록 격려하며, 성장하는 영혼을 지지하고 긍정적인 치유 에너지를 유치하는 데 사용될 수 있다. 또한 개인적인 트라우마를 극복하고 용기와 힘을 얻는 데 도움이 되며, 이전의 사고방식을 열고 새로운 아이디어를 찾아내며 편견을 극복하는 데 도움을 줄 수 있다. 라피스라줄리는 우리의 내면을 탐구하고 변화를 허용하는 과정을 지원하여 더 나은 자아를 발견하고 성장하는 데 도움이 되는 귀중한 도구이다.

■ 신체적, 정서적 웰빙을 위한 보석의 힘

라피스라줄리는 신체적으로 머리와 목 부위의 통증 완화, 우울증 및 불안 극복에 도움을 줄 수 있으며, 혈압 조절과 호흡기 신경계에 도움을 주어 갑상선, 후두, 인후 통증 완화에 기여한다. 이 보석은 또한 목 차크라를 치유하고 열어주어 사랑하는 사람들과 더 열린 의사소통이 가능하도록 도와준다. 정서적으로 라피스라줄리는 내면의 진리를 촉구하여 더 나은 자아를 발견하도록 도와주며, 어려운 진실에 직면할 때 내면의 힘과 주파수를 조절하여 삶의 기반을 더욱 튼튼하게 고착시키는 데 도움을 준다. 이 보석은 감정적인 삶에서 자기관리의 중요성을 강조하며, 사랑과 연민으로 타인과의 관계를 즐겁게 다루는 마음가짐이 중요하다는 인식을 높여 준다. 또한, 바쁜 일상에서 업무와 역할을 조직하고 우선순위를 정하며 목표를 이루는 데 도움을 주어 정신적 웰빙을 증진시킨다.

## 차크라 위치

이마 차크라

목 차크라

### 라피스라줄리 힐링효과

인후 및 목 근육, 순환계, 청력 및 내분비계

## (4) 라피스라줄리(청금석)의 오라에너지

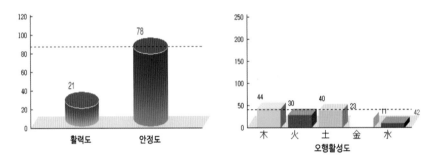

「 라피스라줄리를 착용하기 전의 오라에너지 」

60대 후반의 한 남성은 신장 기능 이상으로 인해 신장투석을 받고 있었다. 젊은 시절, 그는 건강에 대한 자부심을 가진 나머지 몸을 아끼지 않고 일해왔다. 하지만 시간이 지나 건강을 잃고 나서야 '건강은 건강할 때 지켜야 한다'는 교훈을 깨달았다고 한다. 상담을 진행하는 동안 신장이 제 기능을 다하지 못하는 상황에서, 어떻게 하면 그가 긍정적인 에너지를 갖도록 도울 수 있을지 고민이 많았다. 이러한 상황에서 생활습관 코칭과 동시에 컬러, 아로마, 보석 에너지를 활용한 상담을 결정했다.

상담 과정에서 컬러 테스트를 실시했을 때, 내담자는 마젠타 컬러를 선택했다. 아로마 테스트에서는 마음의 안정감을 높여주는 마조람 아로마에 가장 긍정적 반응을 보였다. 마지막으로 보석 에너지 테스트에서는 사파이어와 라피스라줄리에 좋은 에너지 반응을 보였다. 특히, 라피스라줄리를 착용하기 전과 후 비교에서,

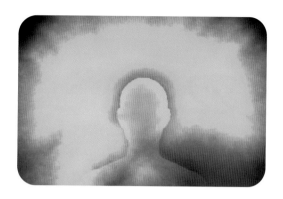

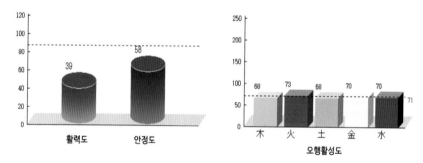

「 라피스라줄리를 착용한 후의 오라에너지 」

활력도가 21에서 39로 상승한 것을 확인할 수 있었다. 그리고 특히 신장과 관련된 수(水) 에너지의 수치 변화가 매우 주목할 만하였다.

내담자에게 명상을 통해 라피스라줄리의 에너지를 느끼고, 이 보석의 강력한 에너지를 마음으로 흡수하는 방법을 알려주었다. 처음에는 따라하기 어려워했지만, 차츰 익숙하게 되면서 점차 에너지 흐름이 안정되어갔고, 신체적으로도 등줄기의 긴장이 풀어지는 것을 느꼈다고 하였다. 이는 보석이 가진 강력한 에너지가 명상을 통해 인체와 공명되어 긍정적인 영향을 미치는 보석 명상 힐링의 좋은 예다.

라피스라줄리는 목과 등근육, 순환계, 내분비계에 도움이 된다고 알려져 있는데, 이번 임상 결과를 통해 라피스라줄리의 에너지가 신체적·정신적 건강에 긍정적인 영향을 미침을 검증할 수 있었다.

# 22

# 탄자나이트 _
## *TANZANITE*

(漢)靑黝簾石, (中)靑黝帘石, (영)Tanzanite, Blue Zoisite

## (1) 탄자나이트의 보석학적 특성

| 색 | 청색, 청보라색, 청자색 | | |
|---|---|---|---|
| 투명도 | 투명 | 경도 | 6~7 |
| 비중 | 3.35 | 강도 | 보통~약함 |
| 결정정계 | 사방정계 | 화학성분 | $Ca_2Al_2(SiO_4)_3(OH)$ |
| 발색원소 | 바나듐 | | |
| 확대검사 특징 | 강한 삼색성 | | |
| 주산지 | 탄자니아 | | |
| 탄생석 | 12월 | 보석말 | 건강, 수호, 행운 |
| 보관 및 관리 | 초음파와 스팀 세척을 피해야 하고, 미지근한 비눗물에는 안전함 | | |
| 기타 | 24주년 결혼기념석 | 주요 차크라 | 이마 |

# (2) 탄자나이트 어원과 역사적 고찰

■ 탄자나이트의 어원

미국의 주얼리 브랜드인 티파니가 탄자나이트로 명명했다.

■ 역사적 고찰

세계에서 유일하게 아프리카의 탄자니아에서만 산출되는 보석으로, 1967년 탄자니아의 메렐라니 지역에서 처음 발견되었다. 이 지역은 킬리만자로 산기슭에 위치하며 발견자는 현지 목동이었다. 포르투갈의 지질학자 디쑤자가 이 원석의 아름다운 컬러를 보고 보석이 되겠다 판단, 티파니로 가져갔고 티파니가 블루 조이사이트란 원래의 명칭 대신 산지의 이름을 따서 탄자나이트라 명명했다. 이후 보석으로 인정받게 된다.

1968년, 티파니앤코(Tiffany & Co.)는 이 보석을 세상에 소개하고 이 보석의 독특한 색상과 희소성을 강조한 적극적인 홍보로 수요가 집중하며 지금에 이르렀다.

다른 보석들에 비해 탄자나이트의 역사는 상대적으로 짧지만, 독특한 기원과 경제적, 문화적 중요성은 분명히 주목할 만하다.

보석의 상업적 성공에 따라, 탄자나이트의 채굴이 본격적으로 진행되어, 메렐라니 지역의 경제에 큰 영향을 미쳤고, 채굴 활동은 지역 사회에 많은 경제적 기회를 제공했지만 동시에 환경 문제와 사회적 갈등도 야기했다.

최근에는 탄자나이트 채굴의 지속 가능성을 높이기 위하여 국제적 기준에 맞춘 채굴 방법과 환경 보호 조치를 통해 보다 환경 친화적으로 채굴이 이루어지도록 노력하고 있다.

탄자나이트는 고유한 색상과 희귀성 덕분에 여전히 높은 가치를 지닌다. 현재 보석 시장에서 탄자나이트는 고급 보석으로 취급되며, 다양한 분야의 연구와 관심이 지속적으로 이루어지고 있다.

이 보석은 그 발견과 상업화 과정에서 많은 사건을 겪었으며, 그로 인해 현대 보석 시장에서도 중요한 위치를 차지하고 있다. 탄자나이트의 역사적 배경은 이 보석의 가치와 중요성을 더욱 부각시키며, 앞으로의 연구와 개발에도 많은 관심과 지속적인 노력이 필요하다.

탄자나이트의 뛰어난 다색성(회전시키면서 보면 색깔이 달라짐) 때문에 AGTA(미국유색보석협회) 역시 그 가치를 인정하였으며 지르콘과 터키석에 추가하여 12월의 탄생석으로 지정하였다.

## (3) 탄자나이트의 힐링에너지

■ 영적 연결을 위한 스톤
 탄자나이트는 강력한 영적 에너지를 지니고 있어 우리의 마음과 높은 영역 사이에 연결을 구축하는 데 도움을 주는 보석 중 하나로 알려져 있다. 이 독특한 보석은 고유한 높은 진동 에너지를 방출하며, 영적 탐구를 위한 도구로 사용되는 형이상학적 결정 중에서도 대표적인 역할을 한다. 마음과 마음을 조화롭게 일치시키는 데 도움을 주고 보호와 안전을 제공한다. 이 스톤은 영적 여정을 위한 가이드로써 활용되며 마음과 영혼의 조화를 추구하는 이들에게 특히 소중한 동반자의 스톤이다.

■ 변화의 컬러를 통한 마음의 진정
 탄자나이트는 라일락 블루에서부터 사파이어 블루 그리고 딥 블루 바이올렛으로 변하는 독특한 컬러 특징을 가지고 있는 보석으로, 우리 내면의 진실과 마음의 소리를 통해 마음을 진정시키고 생각의 힘을 강화시켜 주는 역할을 한다.
 이 보석은 집중된 마음의 힘을 통해 우리가 더 큰 우주와 소통하게 하는 자아감을 일깨우며 부정적인 감정을 해소하고 치유하는 데 도움을 준다. 또한, 탄자나이트는 본질적으로 다양한 에너지를 통합하고 균형을 유지하는 역할을 하며, 우리의 내면세계를 탐구하고 성장하는 데 필요한 지혜와 통찰력을 제공한다. 이 스톤은 마음의 높은 영역에서 들리는 직관과 의사소통의 힘을 자극하는 크리스털로써, 다른 차크라의 에너지를 표현하고 활성화시킬 수 있도록 돕는 키스톤이다.

■ 카운슬러의 보석
 탄자나이트는 매일 의미를 발견하고 더 의식적이고 의도적인 삶을 배우고자 하는 우리에게 긍정적인 영향을 미치는 보석이다. 이 보석은 평화, 고요함, 기도, 명상과

같은 순간들을 통해 내면의 힘을 깨우치고 안정과 조화를 촉진하여 우리 자신을 이해하고 수용하며 진정한 자아와 화해하는 과정으로 안내한다. 그뿐만 아니라, 이 보석은 우리가 우리의 한계를 넘어 창의적인 삶을 추구할 수 있도록 용기를 부여한다. 마음 중심적인 관점에서 영적 정보와 지식을 공유하는 데 도움이 되며 감정적인 경험을 지적으로 해석하는 카운슬러의 역할을 한다.

■ 몸, 마음, 정신의 조화를 찾아 가는 보석

탄자나이트는 신체적으로 몸과 마음, 정신의 조화를 이루는 데 도움을 주는 보석으로 우리의 욕망을 현실로 구체화하고 마음을 집중하도록 제3의 눈을 자극하여 왕관 및 목 차크라를 활성화시킨다. 정서적으로, 탄자나이트는 새로운 아이디어, 꿈, 비전에 개방적이며 남색의 진한 파란색과 보라색의 결정은 신비와 지혜 판단력을 높여준다. 이 보석은 우리의 사고방식과 주변 세계에 대한 반응을 조절하고 믿음과 영성적인 원천 에너지를 깨닫게 하며 우리가 더 성실하고 책임감 있게 행동하며 신뢰할 수 있는 사람이 되기 위해 필요한 감정들을 깨우치는 데 도움을 준다. 또한, 자연에서 가장 강력한 광선 중 하나인 탄자나이트는 우리의 꿈을 해석하고 위대한 업적과 성취에 영감을 주어 우리가 더 큰 성장을 이루고 목표를 달성하도록 도와준다.

## 차크라 위치

이마 차크라

## 탄자나이트 힐링효과

세포, 피부 및 모발재생, 면역력, 스트레스, 신경성 질환, 염증 및 불임, 편두통, 고환, 난소, 알콜중독

## (4) 탄자나이트의 오라에너지

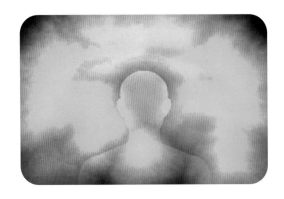

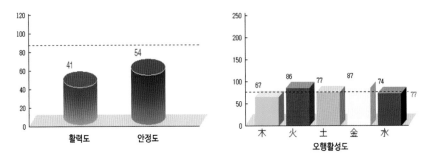

「 탄자나이트를 착용하기 전의 오라에너지 」

　19세의 고3 여학생은 단순히 진로 상담을 위해 방문했지만, 상담 과정에서 더 깊은 문제가 드러났다. 고등학교 2학년까지는 비교적 안정적인 성적을 유지하며 학교생활을 해왔으나, 고등학교 2학년의 겨울방학부터 이유 없는 마음의 방황과 집중력 저하, 혼란한 정신 상태를 겪기 시작했다. 그녀는 왜 공부해야 하는지, 대학 진학이 정말 필요한지에 대한 갈등과 불안으로 가득차 있었다. 책상에 앉을 때마다 마음이 심란해지고, 두통과 몸 여기저기 통증까지 느꼈다.

　내담자는 심리적인 도움을 간절히 원했고 컬러테라피와 보석테라피를 활용한 상담을 진행하기로 했다. 특히, 부정적 감정의 제거와 현재 당면한 문제를 직면하도록 돕는다고 알려진 탄자나이트를 사용하여 그녀에게 힐링 에너지를 느끼게 해주었다.

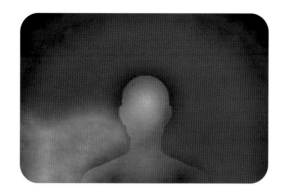

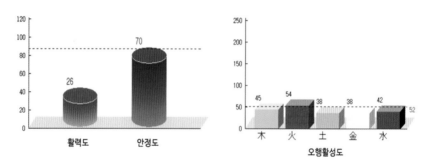

「 탄자나이트를 착용한 후의 오라에너지 」

　탄자나이트를 착용하고 명상을 마친 후, 그녀의 오라에는 눈에 띄는 변화가 나타났다. 처음에는 에너지 흐름이 깨져 결맞음이 좋지 않았던 상태에서, 착용 후 에너지선이 선명해지며 결맞음이 좋은 상태로 변화하였다. 안정도는 54에서 70으로 상승하였고, 오행 활성도의 균형 역시 안정적으로 변화하였다. 이 과정을 통해 마음이 편안해지는 느낌이 들었다고, 내담자도 긍정적인 피드백을 해주었다.

　탄자나이트는 신경성 질환에 효과적이며, 각종 중독 치유에도 도움이 된다고 알려져 있다. 이러한 특성을 잘 활용한 이번 상담은 탄자나이트의 힐링 효과를 재확인할 수 있는 임상 사례로 기록될 것이다.

# 23

## 터키석 _ 튀르쿠아즈
## *TURQUOISE*

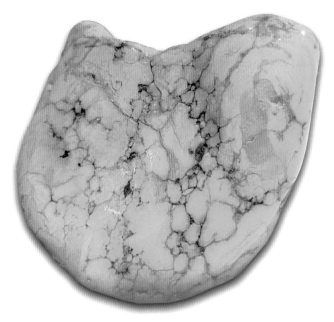

(漢)土耳古石, (中)绿松石, (영)Turquoise

## (1) 터키석의 보석학적 특성

| 색 | 청색, 청록색, 녹색 | | |
|---|---|---|---|
| 투명도 | 아반투명~불투명 | 경도 | 5~6 |
| 비중 | 2.76 | 강도 | 좋음~보통 |
| 결정정계 | 삼사정계 | 화학성분 | 구리알루미늄 수산화인산염 $(CuAl_6(PO_4)_4(OH)_8)$ + 물$(5H_2O)$ |
| 발색원소 | 청색: 구리<br>녹색: 구리와 철 | 내포결정체 | 모암 |
| 주산지 | 미국, 호주, 칠레, 중국, 멕시코, 이란(고갈) | | |
| 탄생석 | 12월 | 보석말 | 성공, 승리, 번영 |
| 보관 및 관리 | 표면이 다공질이므로 초음파와 스팀 세척을 피해야 하고,<br>미지근한 깨끗한 물에는 안전함 | | |
| 기타 | 새벽 5시, 토요일,<br>11주년 결혼기념석 | 주요 차크라 | 태양신경총, 목 |

## (2) 터키석 어원과 역사적 고찰

### ■ 터키석의 어원

터키석(Turquoise)이라는 명칭은 프랑스어로 '터키의 스톤'을 의미하는 'Pierre turquois'에서 비롯 되었으며, 13세기에 처음 사용되었다. 이 명칭의 유래는 시나이반도에서 채굴되던 터키석이 튀르키예(옛 국명:터키)를 거쳐 유럽에 소개되었기 때문이라고 전해진다.

### ■ 5천 년의 아름다움을 간직한 보석

터키석은 청록색 보석으로, 역사가 깊은 보석 중 하나이다. 이 보석은 기원전 5000년 전부터 사용되었으며, 고대 이집트, 페르시아, 몽골에서 가장 귀하게 여겨졌다. 특히 이집트에서는 피라미드와 같은 중요한 건축물의 부속품으로 사용되기도 했다. 터키석의 역사에서 1900년에 발견된 터키석과 금으로 만들어진 네 개의 팔찌가 특별한 중요성을 지닌다. 이 팔찌는 5000년 동안 이집트 여왕(Queen Zer) 미이라의 팔목에 착용되었던 것으로, 세계에 알려진 최고의 보석 장식품 중 하나로 인정받았다. 터키석은 여전히 아름다움을 유지하며 오랜 세월 변함없이 인류의 사랑을 받고 있다.

■ 페르시아 터키

페르시아 사람들은 오래전부터 하늘색의 터키석을 매우 좋아했는데, 이러한 터키석은 오늘날 '페르시아 터키'로 불리며, 산지를 나타내는 것보다는 주로 색상을 분류하는 용도로 사용되고 있다. 페르시아어로는 이 보석을 '승리'라는 의미의 'Ferozsh' 또는 'Firozah'라고 부르며, 페르시아 문화에서 중요한 의미를 가진 보석으로 여겼다. 과거 페르시아에서는 남성들이 여행을 떠날 때 커다란 터키석 반지를 집게손가락이나 새끼손가락에 착용하는 관습이 있었고, 여성들은 이 보석을 몸에 지니면 잉태할 수 있다고 믿어 축원의 의미로 착용하기도 했다. 실크로드를 왕래하던 장거리 무역 대상들은 자신을 보호하는 부적으로서 이 보석을 지니고 다녔다고도 한다.

■ 티베트부터 아메리카까지

터키석은 티베트 사람들이 가장 좋아하는, 종교적인 의미를 담은 장신구용 보석이다. 티베트어로는 이 보석을 'Gyu'라고 부르는데, 이 용어는 중국에서 비취를 가리킬 때 사용되는 'Yu'에서 유래되었다. 티베트에서는 터키석을 화폐의 대용품으로 사용하기도 했다. 그뿐만 아니라, 터키석은 아메리카 대륙의 아즈텍과 잉카 문화에서도 중요한 역할을 했다. 특히 아메리카 서남부의 인디언들은 터키석을 화려한 목걸이 및 예술품으로 사용하거나 문장 및 묘지의 장식으로 널리 활용했다. 이렇듯 터키석은 아메리카 원주민 문화의 일부로서 특별한 위치를 차지한다.

## (3) 터키석의 힐링에너지

■ 에너지 정화와 내면의 평화

정화석으로 쓰이는 터키석은 부정적 에너지 제거와 보호 기능을 갖춘 스톤이다. 이 스톤은 우리가 삶의 진정한 목적을 발견하고 지혜와 이해를 얻는 데 도움을 주며, 창의적인 문제 해결 능력을 향상시켜준다. 또한, 소음과 혼란으로부터 벗어나고 긴장을 완화하여 내부적인 평화를 찾을 수 있도록 도와주며, 명상이나 치유를 위한 환경을 조성해 준다. 터키석은 스트레스 해소와 함께 우리의 생각, 행동 및 감정에 초점을 다시 맞추어 자기 파괴적 경험을 해결하는 데 특히 효과적이다.

■ 풍요와 안정

터키석은 오랜 기간 동안 부와 풍요의 상징으로 여겨져왔으며, 이 보석은 발견되는 곳마다 풍요로움과 재정적 안정을 가져다주기도 한다. 이 보석은 우리의 꿈을 실현하기 위한 야망과 에너지를 더욱 촉진하며 더 안정적인 풍요로움을 부르는 축복의 흐름을 이끌어 준다. 더불어, 터키석은 풍부한 흐름이 끊이지 않도록 도움을 주며 창의적인 영감을 더 많이 제공해 준다.

■ 안정과 해소의 열쇠

터키석는 신체적으로 차크라의 균형을 맞추고 조절하여 기분을 안정시키고 정서를 조절하는 데 도움을 준다. 또한, 우울증과 피로회복에 탁월한 효과를 보이며 예상치 못한 상황에 대비하는 문제해결 능력을 증진 시켜준다. 청록색의 터키석는 강력한 에너지를 지니고 있어 불면증에 고민하는 사람들에게 평화로운 꿈과 편안한 수면을 제공하며 신체의 활력을 불어넣어 준다. 동시에 삶의 부정적인 측면과 불균형을 흡수하여 재정적인 부담에서 벗어날 수 있도록 돕는다. 그뿐만 아니라, 청록색의 터키석는 해독과 항염의 효과가 있어 신체의 영양소 흡수를 촉진하고 면역 체계를 강화하며 조직 재생을 촉진시키며 경련, 복통, 두통과 관련된 통증을 완화시켜준다.

■ 감정적 활력과 평온의 비밀

터키석는 감정적으로 우리를 활기차고 긍정적으로 만들며 모험심과 열정을 자극해 준다. 이 보석은 고통, 분노, 괴로움, 원한과 같은 부정적 감정을 놓아주고 미래를 밝게 보는 방법을 알려주는 동시에, 우리의 질문에 대한 답을 찾도록 도움을 준다. 청록색의 터키석는 진실한 에너지와 공명하며 솔직하고 친절한 의사소통을 하도록 격려할 것이다. 또한, 우리가 겪고 있는 정서적 문제와 스트레스를 효과적으로 다루는 데 도움을 주며 깊은 평온함을 찾게 해줄 것이다.

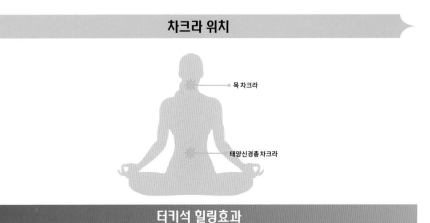

**차크라 위치**

목 차크라

태양신경총 차크라

**터키석 힐링효과**

면역계, 골격계, 호흡계, 정신적 이완, 스트레스

## (4) 터키석의 오라에너지

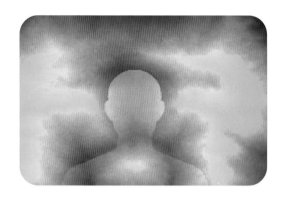

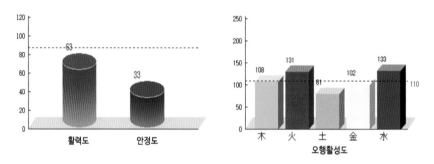

「 터키석을 착용하기 전의 오라에너지 」

    50대 초반의 한 여성이 보석테라피의 힐링 효과를 경험한 후, 이를 널리 알리기 위해 많은 노력을 기울였다. 이 여성은 특히 터키석의 힐링 효과에 대해 강조하였는데, 이에 대한 구체적인 경험담을 공유하고 에너지테스트도 진행해보기 위해 그녀를 상담실로 초대했다. 체험담은 흥미로웠다. 40대 후반부터 밤마다 악몽에 시달리고 새벽에 자주 깨는 문제를 겪었으며, 이를 갱년기장애라고만 생각하고 수면보조제와 기능성 식품을 섭취했지만 큰 변화를 느끼지 못했다고 한다. 무속인을 찾아가 상담을 받거나 최면요법 같은 여러 방법도 시도해 보았지만, 문제는 개선되지 않았다고 한다.

    그러던 중 보석테라피를 알게 되고 터키석을 착용하게 된 후, 그녀는 큰 변화를 경험하게 되었다고 한다. 터키석을 착용한 후, 그녀는 악몽을 꾸며 새벽에 깨는 일

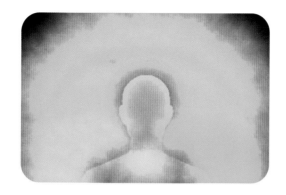

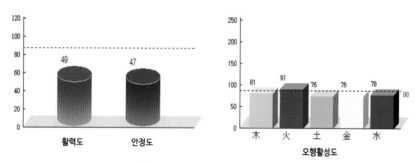

「 터키석을 착용한 후의 오라에너지 」

이 현저히 줄어들었다고 한다. 이러한 변화를 확인하기 위해, 터키석 착용 전후 오라에너지를 비교 분석을 시도하였고, 정확한 테스트를 위해 사전에 며칠간 보석 착용을 하지 않도록 부탁했다. 오라에너지를 측정해보니 터키석 착용 전 오라에너지는 여러 컬러가 나타나며 에너지 흐름이 불안정했고, 오행 활성도 역시 불균형한 상태로 나타났다.

　반면, 터키석을 착용한 후 오라에너지는 에너지 흐름과 오행 활성도가 고르고 균형잡힌 상태로 변화하였다. 이러한 임상 결과를 통해 호흡계의 면역력 향상, 정신적 이완 및 스트레스 완화와 공간 에너지를 정화하는 데 도움이 된다고 알려져 온 터키석의 힐링효과를 확인할 수 있었다. 또한, 이 실험 결과들은 보석의 힐링 효과를 단순히 플라시보 효과라고 일축하기 어렵게 만든다.

# 24

## 토파즈 _
### *TOPAZ*

(漢)黃玉, (中))托帕石, (영)Topaz

## (1) 토파즈의 보석학적 특성

| 색 | 무색, 황색, 오렌지, 갈색, 핑크, 적색, 자적색, 청색, 녹색 | | |
|---|---|---|---|
| 투명도 | 투명 | 경도 | 8 |
| 비중 | 3.53 | 강도 | 보통~약함 |
| 결정정계 | 사방정계 | 화학성분 | 불화규소알루미늄 $(Al_2(F,OH)_2SiO_4)$ |
| 발색원소 | 핑크,적색: 크로뮴(크롬) 청색: 컬러센터(조사) | 내포결정체 | |
| 확대검사 특징 | 액체 내포물, 이상 내포물 | | |
| 주산지 | 브라질, 나이지리아, 호주, 미얀마(버마), 멕시코, 나미비아, 파키스탄, 스리랑카(실론), 미국, 러시아 | | |
| 탄생석 | 11월 | 보석말 | 우정, 우애, 희망, 결백 |
| 별자리 | 물고기자리(2월19일~3월20일), 적색: 사수자리(11월 23일~12월24일), 청색: 물병자리(1월 20일~2월 18일), 금색: 처녀자리(8월 23일~9월 23일) | | |
| 보관 및 관리 | 초음파와 스팀 세척을 피해야 하고, 미지근한 비눗물에는 안전함 | | |
| 기타 | 일요일, 오후 4시, 청색: 4주년 결혼기념석, 임페리얼: 23주년 결혼기념석 | | |
| 주요 차크라 | 태양신경총, 목 | | |

## (2) 토파즈의 어원과 역사적 고찰

■ 토파즈의 어원

토파즈(Topaz)의 어원은 홍해에 위치한 토파지오스섬에서 유래되었으며, 그리스어 'Topazion'은 '찾다'라는 뜻을 지닌다. 토파지오스 섬은 안개에 싸여 종종 찾기 어려웠기 때문에 '찾아 헤매는 섬'이라고 불렸으며, 이 섬에서 채굴되는 담황색의 보석 역시 '토파즈(Topaz)'라는 이름으로 불리게 되었다.

■ 다양한 문화에서의 의미

토파즈는 역사적으로 여러 문화와 종교에서 중요한 역할을 하는 보석이었다. 이보석은 여러 고서와 역사적인 기록에 등장하며, 다양한 문화에서 다양한 의미를 부여받았다.

기원전 1세기 데오도르스가 쓴 고서에 의하면 홍해에 사라 펜트섬이라는 토파즈 산지가 있었고, 파라오의 명으로 주민들이 채굴하여 왕궁에 상납하였다고 한다.

이집트인들은 이 보석이 태양신 라(Ra)의 황금색 빛으로 채색되었다고 믿었으며, 로마인들도 토파즈를 태양신과 연관지었다.

이 토파즈는 십자군에 의해 유럽으로 운반되어 교회나 왕실로 흘러갔다고 전해진다.

고대 그리스인들은 이 보석이 힘을 증진시키고 위기 상황에서 보호해 주는 마법적인 힘을 갖고 있다고 믿었다.

또한, 토파즈는 유대교에서도 중요한 역할을 했다. 이 보석은 제사장 아론의 흉패에 박힌 열두 보석 중 하나로 언급되며, 요한 계시록에도 언급되었다.

힌두교에서는 토파즈를 펜던트로 착용하면 갈증 해소와 예지능력 향상, 그리고 생명 연장에 도움이 된다고 믿었다.

아프리카 지역의 샤머니즘과 토착신앙에서는 미래 예지 및 치유 의식에서 토파즈를 사용하여 영적 세계와의 교류를 시도했으며, 현재까지도 여러 의식에서 토파즈가 중요한 역할을 담당한다.

■ 신비로운 토파즈의 역사와 상징성

브라질에서 대규모 토파즈 매장지가 발견되기 전인 중세시대부터 19세기 중반까지, 토파즈는 희귀하고 특별한 보석으로 여겨졌다. 이 스톤은 특별한 노란색을 가지고 있어서 일부 사람들에게 왕족과 관련된 신비로운 능력을 부여한다고 여겨졌으며, 존경과 경외의 대상이었다. 12세기경에는 토파즈를 고급 포도주에 담가 두고 잠자기 전에 그 돌로 눈을 문질러 시력을 향상시킬 수 있다고 믿었고, 동양에서는 토파즈를 '건강 스톤'으로 일컬으며, 신체와 마음을 강화시키는 능력을 갖고 있다고 믿었다.

근대에는 빅토리아 여왕이 토파즈를 루비, 사파이어, 오팔과 함께 선호하며 애용한 것으로 알려져 있는데, 이는 토파즈가 얼마나 귀하고 아름다운 보석으로 간주되었는지를 나타내는 사례 중 하나이다.

유럽에는 '영국인은 바닷물 색의 아쿼마린을 좋아하고, 스페인인은 황색의 토파즈를 좋아한다'라는 의미있는 말이 전해지는데 이것은 토파즈의 색과 다양한 문화 간의 연결을 뚜렷이 보여준다.

현재까지 기록된 가장 큰 토파즈는 '아메리칸 골든'으로 알려져 있다. 밝은 황금색의 이 토파즈는 스미스소니언 박물관에 소장되어 있으며, 그 무게는 놀랍게도 22,982 캐럿, 약 4.60 킬로그램에 달한다.

토파즈는 그 희귀함과 아름다움으로 인해 뿌리 깊은 신화와 믿음의 중심 역할을 하며, 그 독특한 역사와 상징성으로 인해 오랜 시간 인류의 관심을 끄는 소중한 보석 중 하나로 기억되고 있다.

## (3) 토파즈의 힐링에너지

■ 빛을 잃지 않는 신성한 스톤

토파즈는 고대부터 밤에도 빛을 잃지 않는 신성한 스톤으로 여겨졌으며 태양과 관련이 있어 생명과 죽음에 관여할 수 있다고 믿어졌다. 이 보석은 태양의 신 '라'의 상징이었으며 '불의 스톤'이라고도 불리며 악귀를 쫓아내고 부활을 상징하는 부적으로 사용되기도 했다. 이 규산염 광물은 우리에게 자신감을 부여하고 새로운 것을 배우는 능력을 자극하며 복잡한 아이디어와 개념을 정리하고 이해하는 데 도움을 준다.

■ 생명과 건강의 보석

토파즈의 그 특유의 맑고 깊은 색상으로 호랑이 눈빛 또는 성난 고양이의 눈빛과 비유되어 왔다. 이 보석은 생명과 건강을 보호하는 보석으로 여겨져 아름다움을 강조하며 눈병 치료에도 도움을 준다고 믿어졌다. 더불어, 토파즈는 마음 깊은 곳의 슬픔을 덜어주고 용기를 부여한다고 여겨졌으며, 이는 토파즈가 긍정적인 에너지를 전달하여 내면의 어둠을 제거하고 풍요로운 삶과 사랑, 건강, 웰빙으로 이어지도록 도움을 주었다는 믿음을 반영하고 있다.

■ 치유와 보호의 결정체

토파즈는 신체적으로 우리를 치유하고 보호하는 역할을 하는 보석으로 다양한 건강 문제에 대한 효과적인 도움을 제공한다. 토파즈 결정체는 류머티즘과 관절 통

증을 완화하며 심장질환의 예방과 치료에 도움을 주고, 장기간의 질병과 만성 통증에 특히 효과적이다. 또한, 소화를 개선하고 거식증을 극복하며 미각을 회복시키고 신경을 강화하여 신진대사를 활성화시킨다. 특히 옐로 토파즈는 우울증, 치매, 알츠하이머와 같은 신경 질환 치료의 보조제로 효과적이며 블루 토파즈는 머리, 눈, 귀, 목에서 발생하는 다양한 통증 및 스트레스 관련 장애의 치료와 원인 규명에 뛰어난 도움을 제공한다. 이 돌은 우리의 현재 삶에서 안정적인 내적 균형을 찾아주고 건강한 생활 방식을 통해 더 큰 힘을 발휘할 수 있도록 도움을 준다.

■ 정서적 평화와 자아실현을 위한 보석

토파즈는 정서적인 안정과 평화를 촉진하며 집중력을 향상시키고 도전에 대한 장벽을 극복하는 데 도움을 주는 보석이다. 이 스톤은 자존감을 지나치게 과대포장하지 않으면서도 자신감과 자부심을 높여주고, 고귀한 마음과 타인에 대한 포용력을 증진시켜 더 큰 인생 목표를 이해하고 실현할 수 있도록 격려한다. 또한, 토파즈는 진실과 용서의 상징으로써 행복, 희망, 우정, 자선을 대표하며 긴장 해소와 긍정적 감정 촉진을 통해 삶을 실용적인 관점에서 이해하도록 돕는다. 이 보석은 우리 몸의 부정 에너지를 완화시켜주고 오라를 정화하여 힘들었던 시기를 치유하고 재충전하여 자아실현을 더 용이하게 이를 수 있도록 촉진시켜 준다.

차크라 위치

목 차크라

태양신경총
차크라

**토파즈 힐링효과**

모든 종류의 스트레스, 우울증, 류머티즘, 심장병 예방, 거식증, 치매 예방

## (4) 토파즈의 오라에너지

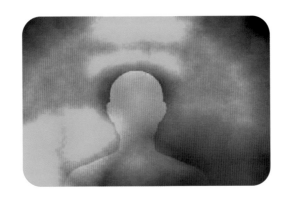

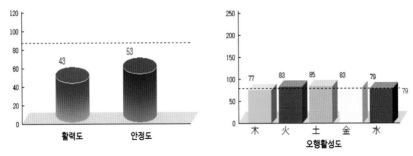

「 토파즈를 착용하기 전의 오라에너지 」

　토파즈 목걸이는 한 여성에게 특별한 의미를 지녔다. 이 여성은 50대 중반으로 젊은 시절 싱가포르 출장중에 이 목걸이를 구입했다. 그 당시 싱가포르는 우기로 인해 비가 계속 내리고 습한 날씨가 지속되고 있었고 업무와 관계된 현지 사람들과의 소통에도 어려움을 겪다 보니 마음이 무거워지고 부정적인 감정에 시달렸다. 향수병과 우울증으로 힘겨웠던 그녀는 이 상태를 마치 깊은 늪에 빠진 것 같았다고 표현했다.

　그러던 중 싱가포르에서 열린 보석 전시회에서 그녀는 운명처럼 토파즈 목걸이를 발견했다. 이 목걸이는 그녀에게 마치 자신을 위해 만들어진 것처럼 특별한 느낌을 주었고, 그녀는 즉시 구입하여 착용하기 시작했다. 목걸이를 착용한 이후, 그녀의 우울증과 번아웃 증상은 점차 회복되었고, 출장을 성공적으로 마무리한 후 무사히 귀국할 수 있었다.

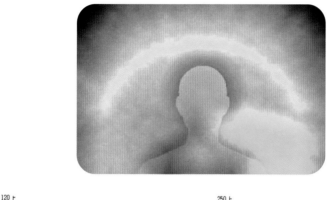

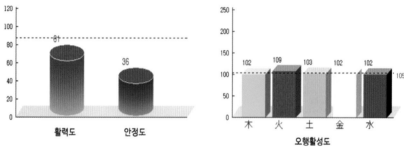

「토파즈를 착용한 후의 오라에너지」

사연을 다 듣고, 오라에너지 측정기를 이용해 토파즈 목걸이를 착용하기 전과 후 오라를 비교해 보았다. 착용하기 전 그녀의 오라에너지는 과로와 수면 부족으로 인해 어두운 녹색으로 나타났으며, 에너지 흐름이 차단된 상태였다. 특히, 해독 능력과 관련이 있는 목(木) 에너지가 다른 오행 에너지에 비해 낮았다. 그러나 토파즈 목걸이를 착용한 후 그녀의 오라에너지 상태는 급격히 개선되었다. 에너지가 밝고 막힘없이 자유로운 흐름 상태로 바뀌었으며, 활력 수준도 상승했다. 가장 낮았던 목(木) 에너지는 77에서 102로 상승하면서 전체적으로 오행 활성도가 균일하게 변화하였다.

싱가포르 보석 매장의 판매 직원에게 그녀가 토파즈의 의미를 물으니, '스스로 빛나는 별'이라고 대답했다고 한다. 이는 보석 에너지가 어떤 사람에게는 길을 잃은 어둠 속에서 힘과 희망을 주는 한 점의 빛이 될 수 있음을 보여주는 임상 사례다.

# 25

## 블러드스톤 _ 혈석
### BLOODSTONE

(漢))血石,血玉髓, (中)血石,血玉髓, (영)Bloodstone

## (1) 블러드스톤(혈석)의 보석학적 특성

| 색 | 암록색에 붉은 반점 | | |
|---|---|---|---|
| 투명도 | 아투명~불투명 | 경도 | 6.5~7 |
| 비중 | 2.60 | 강도 | 좋음 |
| 결정정계 | 육방(삼방)정계 | 화학성분 | 이산화규소($SiO_2$) |
| 확대검사 특징 | 적갈색 반점 | | |
| 주산지 | 호주, 브라질, 인도, 영국(스코틀랜드), 러시아 | | |
| 탄생석 | 3월 | 보석말 | 용기, 용감, 침착, 지성 |
| 별자리 | 양자리(3월 21일~4월 19일) | | |
| 보관 및 관리 | 일반적으로 초음파와 스팀 세척에서 안전하고,<br>미지근한 비눗물에도 안전함 | | |
| 주요 차크라 | 가슴, 뿌리 | | |

## (2) 블러드스톤(혈석)의 어원과 역사적 고찰

■ 블러드스톤의 어원

블러드스톤(Bloodstone)은 '혈석'이라는 의미인데 두 가지 요소에서 유래한다.

블러드스톤의 명칭에서 'Blood'는 그리스어 'sanguis'에서 유래된 것으로, '혈액'을 의미한다. 블러드스톤의 특징적인 빨간 점들이 혈액의 색상과 유사하게 보여서 붙여진 이름이다. 'Stone'은 '돌'이라는 일반적인 의미 외에 '보석'이라는 뜻이 더해진 것이다.

블러드스톤은 라틴어 'sanguinite' 또는 'sanguis'와 관련이 있으며, 이는 '피' 또는 '혈액'을 뜻한다.

영어로는 직접적으로 'Bloodstone'으로 불린다.

암록색 또는 청록색의 석영에 붉은 산화철이 흩어져 있는 것이 마치 피가 맺힌 것처럼 보여 붙여진 이름이다.

과거 일부 기독교인들은 그리스도의 피가 녹색의 돌 위에 흘러서 만들어졌다고 여기기도 했다. 붉은빛이 핏빛을 연상시켰기 때문일 것이다.

■ 역사적 고찰

블러드스톤은 고대 이집트와 메소포타미아에서 신성한 보석으로 여겨졌다.

이집트에서는 신들의 상징적이고 의식적인 장신구에 사용되었는데, 신성한 보호를 의미했다.

고대 메소포타미아에서도 블러드스톤은 신성한 보석으로 취급되었다.

블러드스톤은 고대 그리스와 로마에서 중요한 역할을 했다.

이 보석이 치유의 힘과 방어적인 능력을 지닌다고 믿었으며, 주로 부적과 장식품에 사용되었다. 고대 로마인들은 블러드스톤이 피를 정화하고 용기를 불어 넣는다고 믿었다.

중세 유럽에서도 블러드스톤은 중요한 상징적 의미를 가진 보석이었다. 이 시기의 사람들은 블러드스톤이 악령을 물리치고, 치유의 힘을 지닌다고 믿었다.

중세의 연금술사들은 블러드스톤을 정신적, 신체적 치유의 도구로 사용했다.

중세 크리스천들은 블러드스톤이 그리스도의 피와 관련이 있다고 여겼다.

블러드스톤은 신성한 의미를 지닌 보석으로 여겨졌으며, 예배와 의식 교회 장식품이나 성물로 사용되었다.

19세기 초에는 블러드스톤의 채굴과 가공이 활발해졌다.

이 시기에는 블러드스톤이 주얼리로서 인기가 있었으며, 특히 장식품과 반지에 사용되었다. 블러드스톤의 매력적인 색상과 상징적 의미 덕분에 많은 사람들에게 사랑받았다.

치료석으로 사용되는 스톤 중의 하나이며, 3월의 탄생석으로 사용되기도 한다.

## (3) 블러드스톤(혈석)의 힐링에너지

■ 핏빛 자연의 힘과 영적 변화의 상징

블러드스톤은 다른 이름으로 '헬리오트로프(Heliotrope)'라고도 불리며,
이 스톤은 물이나 석양 빛 아래에서 '태양이 피처럼 붉은 구체'로 변한다고 믿어
져 왔다. 이러한 특성으로 고대인들은 붉은 스톤이 주는 특별한 의미를 부여하며
이 스톤에는 마법사와 위대한 사상가들에게서 볼 수 있는 특별한 힘이 있다고 믿었
다. 때로 이 스톤은 '순교자의 스톤'으로 불리며 중대한 변화가 일어날 때 희생과 용
기에 대한 기억을 떠올리며 그 안에서 내재된 핏빛의 자연적인 힘을 상징한다. 혈석
의 독특한 외형과 짙은 녹색 코어 위의 붉은 반점은 영적인 변화와 움직임을 상징
하며 이 스톤은 용기와 지혜의 중요성을 강조하여 우리가 어려운 시기를 극복하고
더 나은 사람이 되도록 돕는 역할을 한다. 또한, 이 스톤은 '태양의 스톤'이나 '그리
스도의 스톤'으로도 불리며 벽옥 중에서 가장 아름다운 것 중 하나로 여겨지며 순
수한 피의 상징으로써 생명력, 탄생, 활력, 힘, 열정, 용기와 같은 신비로운 미덕을
내포하고 있다.

■ 차크라 밸런싱 스톤

블러드스톤은 장수의 부적으로 귀하게 여겨진다. 언어적, 신체적 위협이나 따돌
림에 대한 보호 에너지를 제공하여 부정적인 상황에 대처하는 용기를 마음 깊숙한
곳에서 불러오는 힘을 가졌다. 또한, 이 스톤은 면역체계를 강화하고 혈액, 비장,

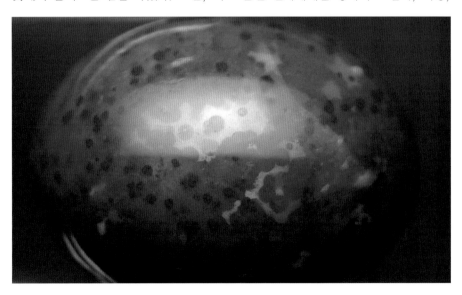

간, 신장, 방광 및 내장을 정화하여 신체에서 독소를 제거하고 중화시키는 데 사용될 수 있다. 특히, 블러드스톤은 혈액 공급이 풍부한 기관에 도움이 되며 혈액 순환이 원활히되도록 도와주며, 건강한 골수를 지원하여 빈혈, 백혈병, 종양, 급성 감염 및 과잉 산성화와 같은 혈액 질환의 치료에 보조적으로 사용된다. 이 스톤은 또한 출생 및 출산 과정과 관련하여 가임기 여성에게 이상적인 동맹석으로 영양이 풍부한 혈액과 호르몬 균형을 자극하고 유산을 예방하는 데 도움을 줄 수 있는 차크라 밸런싱 스톤이다.

블러드스톤은 역경의 시기에 정서적인 지원을 제공하며, 타인으로부터 받는 스트레스와 분리감을 극복하고 고립과 외로움에 유연하게 대처하는 올바른 판단력과 결단력, 그리고 용기를 더욱 강화할 수 있도록 돕는다. 이 스톤은 종종 혼란스러운 변화와 마주할 때 감정적으로 안정시키고 에너지를 재정렬하여 고통이나 불안을 극복하는 데 도움을 준다. 또한 직관력을 향상시키고 정신적 혼란을 해소하며 부정적인 영향과 바람직하지 않은 연결을 차단시켜 준다. 이 스톤은 마치 아기를 단단한 포대기로 감싸 안아주듯이 불안과 압박으로부터 마음의 긴장을 늦출 수 있도록 돕는 역할을 한다.

## 차크라 위치

가슴 차크라

뿌리 차크라

## 블러드스톤 힐링효과

간, 신장 및 비장 , 정화, 해독, 혈액, 순환계, 면역계

## (4) 블러드스톤(혈석)의 오라에너지

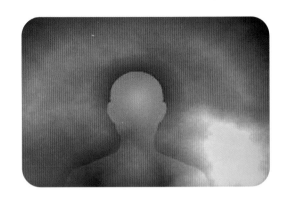

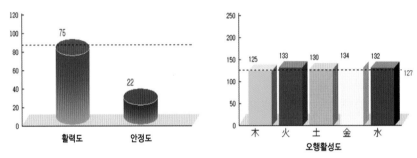

「 블러드스톤을 착용하기 전의 오라에너지 」

　블러드스톤, 혹은 혈석이라 불리는 이 보석은 그 이름에서 알 수 있듯이, 전통적으로 혈액의 정화와 해독을 돕는 데 효능이 있다고 여겨져 왔다. 이러한 믿음은 수세기 동안 여러 문화권에서 공유되었으며, 현대에 이르러서는 보석테라피와 같은 대체요법 분야에서 활용하고 있다. 이번 연구의 주인공은 30대 초반의 남성으로, 대학 시절 기흉 수술을 받은 이력이 있으나, 건강상 큰 문제없이 생활해왔다. 그러나 최근 들어 부정맥 증세로 쓰러졌으며, 그 후 건강에 대한 불안감이 커졌다고 한다. 특히, 취업 스트레스를 음주와 과식으로 스트레스를 해소하려는 행동은 그의 건강 상태를 더욱 악화시키고 있었다. 이러한 상황에서 그는 자신의 생활 습관을 점검하고, 스트레스 관리에 도움을 받고자 연구소를 방문했다. 상담 과정에서 아로마테라피와 보석테라피에 관심을 보였고, 다양한 보석 중에서 혈석을 선택했다. 혈석을 착용하기 전과 후 오라에너지를 측정함으로써, 이 보석이 실제 내담자의 에너지 상태에 어떠한 영향을 미치는지 관찰하기로 했다.

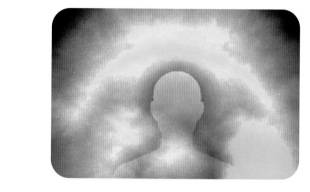

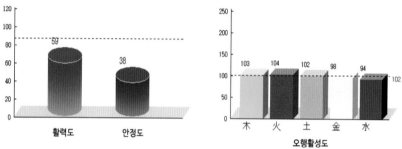

「 블러드스톤을 착용한 후의 오라에너지 」

측정 결과는 흥미로웠다. 혈석을 착용하기 전, 붉은 오라가 우세하였으며, 심장과 관련된 화(火) 에너지와 해독 기능을 담당하는 목(木) 에너지의 수치가 각각 133과 125로, 지나치게 항진된 상태였다. 이는 높은 스트레스 수준과 건강 문제가 그의 에너지 밸런스에 부정적인 영향을 미치고 있음을 시사했다.

그러나 블러드스톤을 착용한 후 측정에서는 상당한 변화가 관찰되었다. 안정도가 22에서 38로 크게 향상되었고, 목(木) 에너지와 화(火) 에너지는 103, 104로 안정화되며 편차도 줄어들고 오행 에너지의 균형이 양호하게 변화였다. 이러한 결과는 혈액의 정화와 해독을 돕고, 순환계를 지원하는 데 효과적이라고 알려진 혈석의 힐링 효과를 잘 보여주며, 보석테라피가 심신의 밸런스에 긍정적인 영향을 미칠 수 있음을 시사한다.

# 26

## 앰버 _호박
### AMBER

(漢)琥珀, (中)琥珀, (영)Amber

# (1) 앰버(호박)의 보석학적 특성

| | | | |
|---|---|---|---|
| 색 | 황색, 갈색, 오렌지, 적색, 백색, 강한 형광: 녹색, 청색 | | |
| 투명도 | 투명~불투명 | 경도 | 2~2.5 |
| 비중 | 1.08 | 강도 | 약함 |
| 결정정계 | 유기질 | 화학성분 | 복합적 탄화수소 (나무 송진의 화석 수지) |
| 확대검사 특징 | 기포, 유선, 갇힌 곤충 | | |
| 주산지 | 도미니카공화국, 발트 해 연안(독일), 폴란드, 러시아 | | |
| 보석말 | 건강, 금전, 수호 | | |
| 보관 및 관리 | 초음파와 스팀 세척을 피해야 하고, 미지근한 비눗물에는 안전함 | | |
| 기타 | 비중이 1.13인 포화염수에서는 뜸, 금패(錦貝, 금파): 투명의 붉은 계열, 밀화(蜜花): 반투명의 황색 | | |
| 주요 차크라 | 태양신경총, 천골 | | |

## (2) 앰버(호박)의 어원과 역사적 고찰

■ 앰버(호박)의 어원

앰버의 명칭은 중국에서 유래되었으며 호랑이와 연관이 있다. 중국 문화에서 호랑이는 강한 힘과 혼의 상징으로 여겨지는데, 앰버는 호랑이의 혼이 굳어진 보석으로 인식되었다. 한편 석시나이트(Succinite)로도 불린다. 앰버는 다양한 색상에 따라 다른 이름으로 불리는데, 우리나라에서는 투명한 황색 앰버는 '금패(錦貝)' 반투명한 누런색 앰버는 '밀화(蜜花)'로 불린다. 고대 그리스어에서 앰버는 '엘렉트론(Electron)'으로 불렀는데, 이 이름은 앰버를 문질러서 광을 내는 현상을 관찰하면서 발견된 정전기 현상에서 비롯되었다. 이러한 정전기 현상으로 '엘렉트론'이라는 용어가 만들어졌으며, 이것이 전기를 뜻하는 일렉트릭시티(Electricity)의

어원이 되었다. 현대 그리스어에서는 앰버를 '케흐리바리(κεχριμπάρι)'라고 하는데, 이는 터키어의 영향을 받은 것으로, 나무가 외부에서 공격을 받거나 상처를 입을 때 자신을 방어하기 위해 수지를 분비하는 현상을 나타낸다. 이 수지가 지하에서 굳어 앰버가 형성되는데, 산출지는 발틱해 주변 지역으로 이곳에서 산출된 앰버는 대략 5000만 년 전의 지질 시대에 생성된 것이다.

### ■ 앰버의 역사와 문화적 의미

앰버는 선사시대부터의 오랜 역사를 지닌 보석 중 하나이다. 사용 시작시기는 정확히 알 수 없지만, 고대 이집트의 파라오 무덤과 고대 그리스 신전 유적에서 앰버 장식품이 발견되어 오랜 옛날부터 애용되어 왔다는 것을 알 수 있다. 앰버는 주로 발트해 연안 지역에서 채취되었으며, 투명하고 노란색으로 반짝이는 외관과 종종 내부에 곤충과 같은 생물이 포함되어 신비로움을 자아냈기 때문에 이집트, 그리스, 페르시아 등지에서 큰 인기를 얻었다. 서기 1세기 로마 제국의 정치인, 작가이자 과학자인 플리니우스는 앰버의 원산지를 발트해 연안과 고트족 거주 지역으로 기록했다. 앰버 채굴은 주로 발트어파 계열 민족들에 의해 이루어졌으며 그리스와 페니키아 상인들이 이 지역에서 채취된 앰버를 서유럽, 지중해 연안, 중동 등지로 널리 수출했다. 이러한 무역으로 인해 앰버를 운송하기 위한 국제적인 육상 교역로가 개척되었으며, 이 무역로는 '앰버의 길'이라 불렸다. 한편 이 무역로는 스칸디나비아 반도와 발트해 연안에 사는 켈트, 발트, 그리고 게르만 민족들에게 문화적인 영향을 미쳤다.

### ■ 영원함을 담은 보석

앰버의 가치는 곤충 화석이 포함된 완전한 앰버가 특히 높게 평가되며, 과학자들은 앰버 내부의 곤충이나 식물체의 DNA를 분석하여 그 생존 시기를 판단하고 앰버 생성 시기를 추적한다. 알려진 앰버 중 가장 오래된 것은 약 5000만 년 전에 만들어진 것이며, 상대적으로 젊은 앰버도 2500만 년 전쯤에 만들어진 것이다. 프러시아의 프리드리히 빌헬름 1세가 엄청난 양의 앰버 조각으로 만들어진 큰 앰버 룸(호박방)을 러시아의 표트르대제에게 선물했으며, 상트페테르부르크 여름 궁전은 앰버로 완전히 장식되었다.

## (3) 앰버(호박)의 힐링에너지

### ■ 수백만 년의 세월을 거친 친절한 화석

앰버는 오랫동안의 세월을 거쳐 형성된 화석화된 나무 수지로, 그 독특한 특성 때문에 부드럽고 온화한 친절의 화석으로 알려져 있다. 이 화석화된 나무 수지는 우리의 삶과 환경에 대한 태도를 생각하고 더 큰 책임감을 갖도록 도와주어 행운을 불러오는데 탁월한 영향을 준다. 앰버색은 최대 3000만 년에서 9000만 년이라는 긴 시간 동안 발생한 수지 화석화 과정의 결과물로, 원래의 유기 화합물인 산소와 탄화수소가 점진적으로 산화 및 중합되는 과정을 포함하고 있다.

앰버는 보통의 광물이나 수정이 아니라 유기 보석 중 하나로 분류된다. 이 보석은 태양과 지구의 오랜 역사, 지구에서 살아온 곤충, 유기체 등을 황금빛 구조 안에 포함하고 있어, 영원히 내포되어 있는 식물 물질과 강한 연결을 유지하고 있다. 과거에는 호박을 가루로 만들어 꿀이나 기름과 섞어 유럽, 이집트, 아라비아 등지에서 천연항생제로 사용하였으며, 이 물질은 상처를 치유하고 조직을 재생시키는 용도로 활용되었다.

### ■ 건강과 긍정 에너지

앰버는 어린이를 보호하는 역할을 하는 보석으로, 주얼리로 착용하거나 의복에 부착하여 부정적인 에너지로부터 방어하고 질병이나 부상에서 활력을 높이며 건강을 촉진하는 데 유용하게 활용됐다. 또한, 앰버는 삶에 균형과 안정성을 제공하며 인내와 유연성을 장려한다. 그 따뜻하고 밝은 에너지는 쾌활함과 신뢰를 증진시키며 자신에 대한 자신감을 높여 의사결정과 삶의 진전을 돕는 따뜻한 조력자이다.

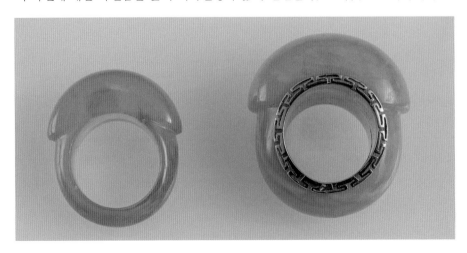

■ 앰버색의 에너지와 치유의 힘

앰버의 노란색은 태양 신경총 차크라로 알려진 에너지 분배 중심을 활성화시키는 역할을 한다. 이 차크라는 흉곽과 배꼽 사이에 위치하며 면역 및 소화 시스템을 조절하고 신체적 균형이 복원되면 감염에 대응하는 힘을 제공한다. 또한, 이 색조는 자연 치유 과정을 촉진하여 알레르기 반응 중 하나를 해소하고 개인의 생각과 감정을 통해 세상을 해석하며 마음의 고통을 긍정적인 에너지로 바꾸는 역할을 한다. 노란색은 스트레스 증상을 완화하고 스트레스로 인한 질병을 예방하는 등의 영적, 정서적, 심리적 치유에 탁월한 효과가 있으며 불안과 우울증과 같은 고통을 겪는 사람들을 돕고 우리의 긍정적인 에너지를 향상시켜 절망과 자살 충동을 극복하도록 도와준다. 앰버의 색조를 명상을 위한 환경 정화와 의식 확장을 위한 준비에 사용하여 마음, 몸, 영혼을 정화할 수 있다.

## 차크라 위치

태양신경총 차크라

천골 차크라

## 앰버 힐링효과

스트레스, 우울증, 신장, 방광, 비장, 간과 담낭, 관절통증, 류머티즘, 치통

## (4) 앰버(호박)의 오라에너지

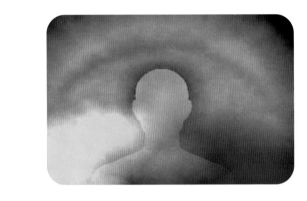

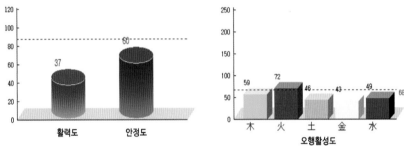

「앰버를 착용하기 전의 오라에너지」

20대 후반의 여성이 결혼 준비와 남자 친구와의 성격 차이로 인한 스트레스로 신체적·감정적으로 불안정한 상태에 처해 있었다. 이 여성은 수족냉증, 소화기 문제, 수면 장애 등 다양한 증상을 겪고 있었고, 결혼을 앞두고 느끼는 긴장감과 피로는 그녀를 더욱 힘들게 만들었다. 더욱이, 대화로 해소하기보다 관계가 악화될까봐 두려워서 회피하며 내면에 쌓아둔 갈등 요소들이 결혼 생활에 대한 불안감을 증폭시켰다.

이러한 상황에서, 그녀는 심신의 균형과 회복을 돕기 위해 아로마테라피와 보석 테라피를 포함한 상담을 받기로 결정했다. 상담 과정에서 여러 보석 중에서 특히 앰버의 치유 효과가 유의미한 결과를 보여주었다. 앰버는 오랜 세월 자연의 압력을 받아 나무의 수지가 굳어져 형성된 보석으로, 신체적·정신적 치유에 도움을 준다고 알려져 왔다.

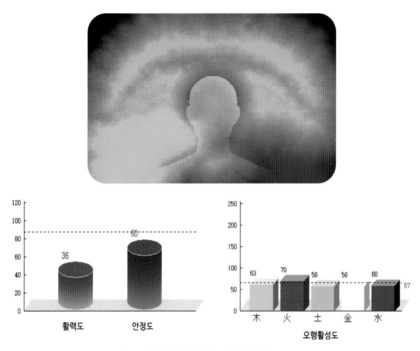

「 앰버를 착용한 후의 오라에너지 」

앰버를 착용하기 전후 오라에너지를 측정한 결과, 내담자의 활력도와 안정도는 큰 변화가 없었지만, 오행 에너지 중에서 토(土)와 금(金)의 에너지값이 눈에 띄게 증가했다. 특히, 토의 에너지값은 46에서 58로, 금의 에너지값은 43에서 58로 상승했다. 이는 앰버가 내담자의 오행 에너지 균형을 개선하는 데 기여했음을 나타낸다. 토(土) 에너지는 태양신경총 차크라와 관련되어 있으며, 금(金) 에너지는 우울증과 연관이 있다고 알려져 있다. 따라서, 이러한 에너지의 증가는 내담자가 겪고 있는 감정적 불안과 신체적 문제에 대한 긍정적인 변화를 의미할 수 있다.

이 연구 사례는 보석이 신체적·정신적 치유에 어떻게 기여할 수 있는지에 대한 흥미로운 관점을 제공하며, 심신 건강과 웰빙을 증진시키는 데 있어 다양한 대안적 접근 방법임을 알려준다.

# 27

## 호안석 _
### *TIGER'S EYE*

(漢))虎眼石, (中)虎晴石,木変石, (영)Tiger's-eye

## (1) 호안석의 보석학적 특성

| 색 | 갈황색, 갈색, 적갈색 | | |
|---|---|---|---|
| 투명도 | 반투명~불투명 | 경도 | 7 |
| 비중 | 2.64~2.71 | 강도 | 좋음 |
| 결정정계 | 육방(삼방)정계 | 화학성분 | 이산화규소(SiO₂) |
| 발색원소 | 산화철 | 내포결정체 | |
| 확대검사 특징 | 섬유상 구조 | | |
| 주산지 | 인도, 스리랑카, 남아프리카공화국 | | |
| 보석말 | 건강, 성공, 수호, 금전 | | |
| 보관 및 관리 | 초음파와 스팀 세척을 피하고, 산에 약하고, 미지근한 비눗물에는 안전함 | | |
| 기타 | 캐츠아이(묘안) 효과 | 주요 차크라 | 뿌리, 천골, 태양신경총 |

## (2) 호안석의 어원과 역사적 고찰

■ 호안석의 어원

호안석이라는 이름은 '호랑이의 눈'을 의미한다. 보석의 색상과 광택이 호랑이의 눈을 연상시키기 때문에 붙여진 이름이다.

호안석은 석영 결정 내에 크로시돌라이트(Crocidolite)와 같은 가늘고 긴 결정형을 갖는 광물들이 들어가서, 금황색과 갈색의 띠가 교차되면서 만들어지는 멋진 광채를 자랑한다.

■ 역사적 고찰

고대 이집트에서 호안석은 중요한 상징성을 지닌 보석으로 여겨졌다. 이집트인들은 호안석을 보호의 상징으로 여겨, 악령을 쫓고, 안전과 행운을 가져다주는 부적이나 장식품으로 애용했다. 특히, 호안석은 신성한 힘과 연결되어 있었으며, 이집트 신들의 신성한 장식에 자주 사용되었다.

고대 그리스와 로마에서도 호안석은 중요한 보석으로 여겨졌다. 그리스인들은 호안석이 용기와 힘을 부여한다고 믿어, 전사나 군인들이 착용하는 부적과 장신구로 사용했다. 로마인들도 이 보석을 보호의 상징으로 보았으며, 귀족과 부유층들이 애용했다. 로마의 전사들은 호안석을 전쟁에서 자신들을 보호해 주는 수호석으로 믿었다고 한다.

중세 유럽에서는 호안석을 신비롭고 신성한 보석으로 여겼다. 중세 사람들은 이 보석이 악령을 물리치고, 신체적, 정신적 치유를 도와준다고 믿었다. 호안석은 주로 왕족과 귀족들 사이에서 장식품과 부적으로 사용되었으며, 의식용으로도 자주 사용되었다.

중세 연금술사들에게도 호안석은 신비한 힘을 지닌 보석으로 여겨졌다. 이들은 호안석이 에너지와 정신적 치유를 도와주며, 내부의 균형을 유지하는데 도움을 준다고 믿었다.

호안석의 채굴이 본격화된 시기는 19세기 후반이다. 특히, 남아프리카공화국에서 대규모로 발견되면서 호안석은 국제적인 주목을 받게 되었고, 가공 기술이 발전하면서 보석으로서의 가치는 더욱 높아졌다. 호안석은 주로 장신구와 장식품에 사용되었으며, 그 독특한 색상과 광택 덕분에 인기를 끌었다. 19세기 말에는 호안석이 상업적으로 널리 유통되기 시작했다. 보석 시장에서의 수요가 증가하면서 다양한 주얼리 디자인에 호안석이 사용되었다.

현대에도 호안석은 다양한 주얼리 디자인에 널리 사용되며, 독특한 색상과 광택 덕분에 많은 사람들에게 사랑받고 있다. 주로 반지, 목걸이, 팔찌 등으로 만들어지며, 매력적인 외관으로 인해 많은 디자이너와 소비자들에게 주목 받고 있다.

호랑이의 용맹과 용기를 담고 있는 이 보석은, 결혼 9주년 기념 보석으로 널리 판매되는데 비교적 저렴한 가격대의 보석으로 쉽게 구할 수 있는 장점이 있다.

몸에 지니면 악령이나 저주로부터 보호해 준다는 전설을 가지고 있으며, 특히 신진대사를 활발하게 해줘 질병의 치료에도 유용한 가치가 있다는 믿음을 가진 현대인들도 있다.

## (3) 호안석의 힐링에너지

■ 자각과 보호를 위한 스톤

철무늬가 있는 적갈색의 변성암인 호안석는 자신감과 내면의 힘, 개인적인 의지를 높게 평가하고 보호의 힘이 필요한 시점에서 우리 스스로를 깨우치게 해주는 '자각의 스톤'이다. 이 스톤은 남아프리카, 인도, 서호주 등 건조하고 더운 환경에서 채굴되었으며 산화철에서 황금색의 색 구성을 가져와 신성한 비전을 선포하고 전투에서 보호를 받는 부적으로도 사용되었다. 호안석은 내면의 힘을 활용하고 마음 깊은 곳에 빛과 사랑이 숨어있다는 자아를 방해하지 않도록 상기시켜 준다. 이 스톤은 더 높은 에너지, 신진대사의 증진, 부드러운 사랑의 분위기 조성을 도와주며 새로운 공간을 개척하는 사람들에게 자신감을 부여하고 올바르게 나아갈 수 있는 방향을 제시해 준다. 또한 다양한 인간관계를 촉진하고 제한적인 신념을 깨고 자긍심을 높여주며 외부 영향에 의존하는 것이 아니라 내부에서 결정을 내릴 수 있는 자신에 대한 견고함을 강화시켜 준다.

■ 치유와 내구성의 보석

호안석은 다른 스톤들과 함께 형성되는 에너지를 증폭시키고 신체적인 치유를 촉진하고 질병으로부터 보호하며 인체의 고통을 완화하는 역할을 한다. 이 스톤은 주얼리나 명상 도구로 활용될 수 있으며, 침실, 사무실, 지갑 내부, 베개 아래에 배치하여 우리 몸에 유익한 에너지를 느끼게 할 수 있다. 그뿐만 아니라, 호안석은 질병으로부터 회복력을 향상시키고 감염과 부상에 대한 내구성과 강건함을 키우는 데 도움을 줄 수 있어, 질병 예방과 치유에 효과적인 보조 수단으로 사용될 수 있다.

■ 정신건강과 목표 달성을 위한 지지자

황금빛 스톤 호안석은 정신건강 문제나 성격 장애로 고통을 겪는 사람들에게 명확하게 생각하는 힘을 기르도록 격려해 준다. 이 스톤은 성장과 확장을 원하는 우리에게 희망과 번영을 가져다 주기 위해 목표를 명확히 정하는 데 도움을 주며 그 목표를 이루기 위한 의지와 용기를 불어 넣어준다. 또한, 현명한 아이디어와 실행 계획을 개발하는데 도움이 되며 오래된 것을 버리고 새로운 것을 받아들이도록 우리에게 용기를 줄 수 있는 균형과 조화의 에너지를 제공한다. 이로 인해 직업 변경, 시험 준비, 미래 프로젝트를 위한 지식 구축 등 다양한 상황에서 호안석은 믿음직한 동반자가 될 수 있다.

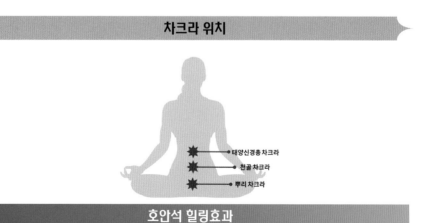

**차크라 위치**

- 태양신경총 차크라
- 천골 차크라
- 뿌리 차크라

**호안석 힐링효과**

혈액 정화, 내분비계, 신진대사 촉진, 우울증, 성 에너지 증강

## (4) 호안석의 오라에너지

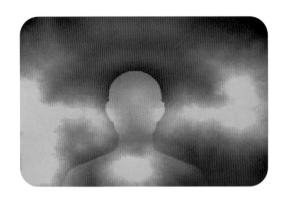

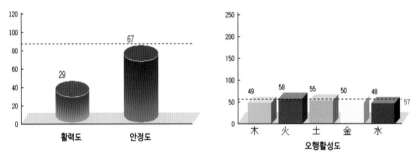

「 호안석을 착용하기 전의 오라에너지 」

호안석으로 오라에너지 변화에 대한 실험은 30대 후반의 한 기혼 여성의 삶에 깊은 통찰을 제공한다. 이 여성은 개인적인 갈등과 스트레스로 인해 힐링을 추구하게 되었다. 그녀는 크게 두 가지 문제에 봉착한 상태였다. 첫째, 남편과의 부부 갈등이었다. 남편은 아이를 갖고 싶어 했지만, 그녀는 아이를 원하지 않았다. 이러한 의견 차이는 늘 부부 사이에 긴장을 불러일으켰다. 둘째, 그녀는 오랜 준비 끝에 시작한 힐링센터 운영이 자신이 꿈꿔왔던 것과 너무 달라 일에서도 스트레스를 받고 있었다.

상담을 통해 이 여성이 아이를 원하지 않는 이유는 어릴 적 경험한 가족 트라우마와 연결되어 있다는 사실을 알게 되었다. 그녀는 불화가 심했던 부모님의 결혼 생활을 보며 자라왔고, 그 결과 독신으로 살거나 결혼하더라도 아이를 절대 갖지 않겠다고 마음먹었다. 결혼 당시, 남편은 이러한 그녀의 결정에 동의했지만, 결혼

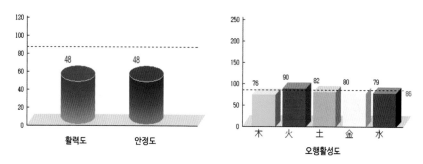

「 호안석을 착용 한 후의 오라에너지 」

후 몇 년이 지난 후 시부모님의 압박을 명분으로 아이를 갖자고 종용하기에 이르렀고 이로 인해 내담자는 큰 스트레스를 받았다.

상담 과정에서는 내담자가 긍정적인 에너지를 강화하고 깊은 무의식적 트라우마를 극복할 수 있도록 도와주었다. 또한 오라에너지 테스트를 실시하여 맞춤형 아로마와 보석을 찾아주었는데 성공과 부귀를 상징하며 마음 근육의 강화를 돕고 긍정적인 마음을 갖도록 용기를 주는 힐링 메시지를 지닌 호안석 팔찌를 추천했다. 호안석을 착용하기 전에는 에너지 흐름이 원활하지 못하고 전반적으로 오라컬러가 어둡게 나타났으나, 착용 후에는 오라컬러가 밝게 변화했고 활력도 29에서 48로 상승했다. 이러한 변화를 체험하며 내담자의 표정도 한결 밝아졌다. 이는 행복을 방해하는 가장 큰 적이 자신일 수도 있음을 시사한다. 용맹한 호랑이의 금빛 눈동자를 닮은 호안석은 내담자에게 내면의 어둠을 밝히고 긍정심을 품을 수 있도록 응원하는 힘을 제공한 것으로 보인다.

# 28

## 카닐리언 _ 홍옥수
### *CARNELIAN*

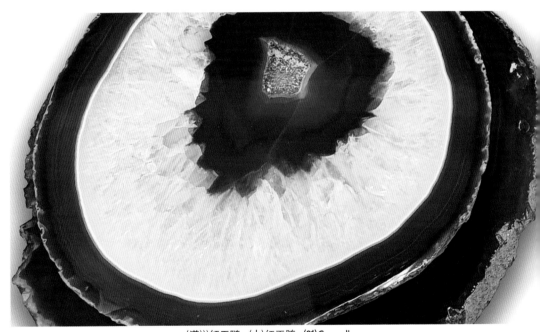

(漢)))紅玉髓, (中)紅玉髓, (영)Carnelian

## (1) 카닐리언(홍옥수)의 보석학적 특성

| 색 | 적등색, 적갈색, 황등색, 등갈색 | | |
|---|---|---|---|
| 투명도 | 반투명~아투명 | 경도 | 6.5~7 |
| 비중 | 2.60 | 강도 | 좋음 |
| 결정정계 | 육방(삼방)정계 | 화학성분 | 이산화규소($SiO_2$) |
| 주산지 | 브라질, 인도, 우루과이 | | |
| 탄생석 | 7월 | 보석말 | 부부의 행복, 화합, 애정 |
| 별자리 | 처녀자리(8월 23일~9월 23일) | | |
| 보관 및 관리 | 일반적으로 초음파와 스팀 세척에서 안전하고, 미지근한 비눗물에도 안전함 | | |
| 기타 | 밤 12시(자정), 목요일 | 주요 차크라 | 뿌리, 천골 |

## (2) 카닐리언(홍옥수)의 어원과 역사적 고찰

### ■ 카닐리언(홍옥수)의 어원

카닐리언(紅玉髓)는 줄무늬가 없는 적색계의 칼세도니를 가리키는 용어로, 반투명하며 주로 적색이나 적동색을 띤다. 드물게 흰색 또는 검정 줄무늬가 들어간 것을 '카닐리언 오닉스'라고 잘못 불렀는데 이러한 색상의 차이는 결정 내에 불순물인 산화철의 양과 종류에 의해 발생한다. 또한, 카닐리언과 비슷하지만 색상이 더 진한 암적색을 띠거나 거의 흑색에 가까운 것은 '사드(Sard)'라고 부르는데 홍옥수와 사드의 경계는 명확하게 구분되지 않아 사용자에 따라 이들의 명칭이 종종 혼용되기도 한다.

### ■ 고대 이집트의 힘을 담은 보석

카닐리언은 인류가 오래전부터 사용해 온 보석으로, 약 5000년의 역사를 가지고 있다. 이 보석은 고대 이집트 시대부터 사랑받아 왔으며, '태양의 기운을 받은 보석'이라는 뜻을 지니고 있다. 고대 이집트 문화에서 카닐리언은 부정적인 영향을 제거하고 화해를 촉진하는 역할을 하는 보석으로 여겨졌다. 더불어, 이 보석은 고대 이집트인들에게 다음 세계까지 이어지는 영혼의 여정에 힘을 제공하는 상징으로, 영웅적인 모습으로 조각되어 집을 수호하는 수호신의 역할을 하기도 했다.

### ■ 카닐리언(홍옥수)의 역사와 전설

카닐리언는 고대 그리스와 로마 시대부터 마법의 주술을 새기는 재료로 매우 인기 있었다.

초기 바빌로니아에서는 정보를 기록하는 원통형 기둥에 사용되었으며, 가문이나 왕궁의 문장을 만들 때에도 널리 사용되었다. 이 시기에는 중요한 문서들을 밀랍으로 봉인하고 그 위에 시그넛 링(도장이 새겨진 반지)으로 사인을 하는 관례가 있었는데, 카닐리언는 밀랍이 달라붙지 않아 사용이 용이하여 시그넛 링으로 애용되었다.

카닐리언은 무함마드가 사용한 스톤으로 알려져 이슬람교도들에게는 특별한 의미를 지닌다. 또한 마다가스카르에서는 화폐가 등장하기 이전 카닐리언을 화폐 대용으로 사용했는데, 이를 '하랑구아(harangua)'라고 불렀다. 7세기 경에 아랍 상인들을 통해 인도로부터 유럽에 소개되었는데, 그 당시에는 금보다 귀한 가치를 지닌 스톤으로 귀한 대접을 받았다.

카닐리언는 내성적인 사람들에게 용기를 부여하고 대담하고 능숙하게 의사 표현을 할 수 있는 능력을 부여한다는 전설이 있는데, 나폴레옹 1세는 이집트 원정 중 팔각형의 카닐리언을 소지하고 전장에서 장병들에게 보여주며 사기를 북돋아 전쟁을 승리를 이끌었다고 전해진다.

나폴레옹에게 카닐리언은 전쟁의 승리를 가져다 주는 수호석이었던 것이다.

## (3) 카닐리언(홍옥수)의 힐링에너지

■ 활력과 긍정의 레드 오렌지 스톤

카닐리언은 아름다운 레드 오렌지 색조를 가진 스톤으로 활력, 따뜻함, 다산의 의미를 상징한다. 이 스톤은 수용과 안전의 에너지로 우리에게 집과 같은 따뜻함을 전해주는 다정한 스톤이다. 카닐리언은 우리 몸과 마음을 연결하고 삶의 활력을 불어넣어 주며 더 강하고 긍정적인 자세를 취하도록 독려하며 우리의 삶에 더 많은 긍정적 에너지와 활기를 불어넣어, 과거의 트라우마를 극복하고 내재된 잠재력을 활용할 수 있도록 미묘한 진동을 전해준다. 카닐리언은 우리 삶의 매우 중요한 목표인 건강과 웰빙을 위해 힘차게 움직이며 열정을 방출하는 빛의 일꾼으로, 에너지 부스터로서의 긍정적인 작용을 한다.

■ 신체 건강 강화를 위한 보석

카닐리언은 신체적으로 질투, 분노, 분개, 그리고 두려움과 같은 부정적인 감정으로부터 우리와 타인 간의 관계를 보호하는 데 도움을 주는 역할을 해준다. 이들은 오라 정화를 통해 우리의 내적 평온을 유지하고 삶의 혼란을 차단하여 우리가 다음 단계로 나아갈 수 있도록 도울 수 있으며 신체 에너지 수준을 균형 있게 유지하는 데 탁월한 도움이 된다. 이 스톤은 나른한 태도와 무기력한 상태에서 벗어나

도록 식욕을 자극해 준다. 카닐리언의 빨간색과 주황색은 생명의 활기를 상징하며 남성적인 에너지를 강화시킨다. 또한 소장에서 비타민, 영양소, 미네랄의 흡수를 촉진하고 혈액의 점도를 개선하여 혈액순환을 원활하게하여 허리 통증, 류머티즘, 관절염, 신경통 등을 치료하고 뼈와 인대의 치유를도와준다.

■ 번영과 에너지를 불러오는 보석

카닐리언은 정서적으로 번영과 새로운 자원, 행운을 불러온다고 믿어져 왔다. 이 수정은 건축가, 건축업자, 건설노동자, 운동선수, 군인과 같은 직업군의 힘과 체력을 자극하고 동기를 불어넣는 데 도움을 주고, 오렌지와 레드 카닐리언은 사랑과 관련된 중요한 결정을 내릴 때 사용되기도 하며, 크리에이티브 예술 분야에서 일하는 여성들과 춤, 음악, 예술 등의 열정을 가진 여성들에게 특히 적합하다. 이 보석은 몸의 중심에서 마음으로 흐르는 생명력을 조절하며, 잃어버린 활력과 동기를 회복하는 데 도움을 주며, 몽상가들과 명상을 실천하는 사람들에게는 집중력을 향상시키고 불필요한 생각을 제거하여 현재에 집중할 수 있도록 도와준다. 또한, 일몰의 화려한 불꽃이나 가을의 섬광과 같은 대담한 에너지는 감동과 힘을 불러일으켜 따뜻함과 기쁨을 선사하여 노년층의 우울증 완화에도 효과적이다.

## 차크라 위치

천골차크라

뿌리차크라

## 카닐리언 힐링효과

울혈, 정맥염, 치질, 종기와 피부자극, 냉증, 발기부전, 여성 생식문제

## (4) 카닐리언(홍옥수)의 오라에너지

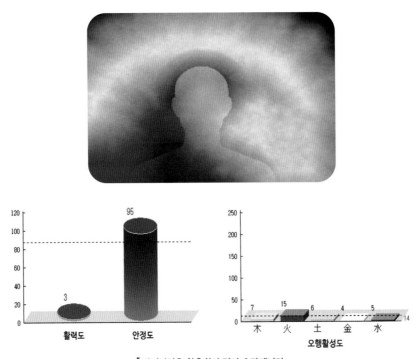

「 카닐리언을 착용하기 전의 오라에너지 」

　　40대 초반의 미혼 남성이 지인의 추천으로 상담을 받기 위해 찾아왔다. 그는 많은 사연을 가진 내담자였다. 그는 5년 동안 공황장애 약물을 복용하고 있었으며, 이명과 불면증 같은 증상으로 오랜 시간 고통받고 있었다. 이러한 만성적인 어려움을 겪고 있는 그에게 오라에너지 측정이라는 새로운 접근을 시도하기로 결정했다.

　　오라에너지 측정기를 사용하여 그의 에너지 상태를 확인했을 때, 흰색 오라가 나타났다. 흰색은 강력한 치유가 필요할 때 세포가 자가 치유에 집중할 때 주로 나타나는 오라 색깔로, 만성피로나 만성 염증이 있는 경우에도 자주 나타난다. 흰색 오라는 숙면이나 명상, 강력한 치유 후에 나타나는 경우 매우 좋은 반응이지만, 평상시에 나타난다면 심신 건강에 주의가 필요하다는 신호다.

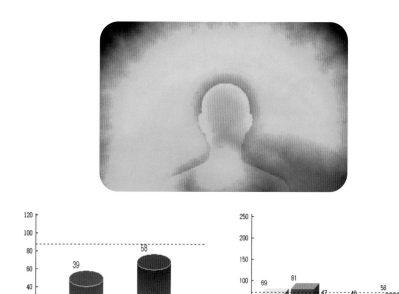

「 카닐리언을 착용한 후의 오라에너지 」

　　다양한 테라피와 약물 치료에도 불구하고 큰 변화를 보이지 않던 그에게 카닐리언 착용은 중대한 전환점이 되었다. 카닐리언을 착용한 후 측정된 그의 오라에너지는 상당한 변화를 보였고, 활력도는 3에서 39로 상승했다. 또한, 다른 오행 활성도값도 전체적으로 높아졌다. 이러한 긍정적인 변화는 자신의 상태에 대해 비관하고 있던 그에게 새로운 희망을 주었다. 이 임상결과는 열정적인 삶을 응원하고 활력을 강화시켜주며, 긍정적인 영향을 발휘한다고 알려진 카닐리언의 힐링에너지를 잘 보여준다.

# 29

# 황수정 _ 시트린
## *CITRINE*

(漢)黃水晶, (中)黃晶, (영)Citrine

## (1) 황수정(시트린)의 보석학적 특성

| 색 | 황색, 황갈색, 오렌지 | | |
|---|---|---|---|
| 투명도 | 투명 | 경도 | 7 |
| 비중 | 2.66 | 강도 | 좋음 |
| 결정정계 | 육방(삼방)정계 | 화학성분 | 이산화규소($SiO_2$) |
| 발색원소 | 철 | 조흔 | 백색 |
| 확대검사 특징 | 컬러조닝, 이상 내포물, 액체 내포물 | | |
| 주산지 | 브라질, 볼리비아, 스페인 | | |
| 탄생석 | 11월 | 보석말 | 우정, 우애, 희망, 결백, 번영, 행운, 부귀, 재화 |
| 보관 및 관리 | 음파 세척은 일반적으로 안전하고, 스팀 세척을 피하고, 미지근한 비눗물에는 안전함 | | |
| 기타 | 13주년 결혼기념석, 토파즈와 많이 혼동됨 | 주요 차크라 | 천골, 태양신경총 |

## (2) 황수정(시트린)의 어원과 역사적 고찰

■ 황수정(시트린)의 어원

황색 투명한 수정 citrus (citron tree)에서 유래하여 명명되었다. 또한 레몬색과 비슷하다고 하여 프랑스어 citron (레몬)에서 유래되었다고도 한다. 수정의 변종이며 일반적으로 주황색이나 레몬색을 띤다.

수정의 종류 중에서 자수정과 함께 가장 값비싸며 가장 인기 있는 보석이기도 하다. 브라질에서 많이 산출되는데 최근에는 저품질의 자수정을 가열하여 황색으로 변색시켜 사용하기도 한다.

■ 역사적 고찰

황수정은 고대 이집트에서 보석으로 사용되었으며, 이집트인들은 이 보석을 장식품과 장신구로 활용했다. 이들은 황수정을 단순히 아름다움만이 아니라 보호와 행운을 가져다주는 보석으로 여겼다.

고대 그리스와 로마에서도 황수정은 중요한 보석으로 평가받았다. 로마인들은 황수정을 장식용으로 사용하며, 특히 권위있는 인물들이 착용했다. 그들은 황수정이 불행과 악의를 막아주는 힘을 가진다고 믿었다.

중세유럽에서 황수정은 귀족과 왕족 사이에서 인기가 있었다. 이 시기에는 황수정이 '황금석'으로 알려졌으며, 주로 장신구와 장식품에 사용되었다. 황수정은 고급스러운 색상 덕분에 사회적 지위와 부를 상징하는 보석으로 여겨졌다.

르네상스 시대에도 황수정은 장식품과 보석으로 널리 사용되었다. 이 시기에 황수정의 가공 기술이 발전하면서 다양한 형태의 세련된 장신구로 만들어졌다.

19세기 초에는 황수정의 채굴과 가공 기술이 크게 발전했다. 특히, 브라질에서 황수정이 대규모로 채굴되면서 황수정의 공급량이 증가하고, 보석으로서의 인기가 높아졌다. 1930년대에 들어서면서 황수정은 대중적인 보석으로 자리 잡았으며, 다양한 주얼리 디자인에 사용되었다. 다량의 자수정과 연수정이 산지인 브라질과 우루과이로부터 유럽으로 유입된 것은 이때부터이다. 유럽의 보석가공업자들은 이 스톤을 470~560℃ 사이의 온도로 가열시키면 황수정으로 변화된다는 사실을 알아냈다. 이 온도에서 가열한다고 해서 무조건 황수정으로 변화되는 것은 아니다. 오랜 경험을 쌓은 숙련된 기술자들이 세심한 주의를 기울여 온도를 조절함으로써 원하는 색상으로 변화시킬 수 있는 것이다.

포르투칼의 마데이라 포도주는 농염한 황갈색을 띤다. 바로 이런 색을 띠는 황수정을 '마데이라 황수정'이라고 부른다. 이런 사실이 알려지면서 유럽에서 황수정의 수요가 상당히 증가하게 되었다. 유행은 빠른 속도로 대중 속으로 퍼져나가 20세기에는 다양한 형태의 보석 디자인에 사용되었으며, 특히 반지, 목걸이, 팔찌 등으로 많이 제작되었다.

밝고 매력적인 색상 덕분에 현대인들에게도 인가가 높으며, 예술적이고 실용적인 측면에서 모두 인정받고 있다. 요약하면 황수정은 그 아름다운 색상과 역사적인 배경 덕분에 고대에서 현대에 이르기까지 많은 사람들이 사랑하는 보석이라는 것이다.

옛부터 나쁜 생각과 뱀독으로부터 보호하여 준다하여 몸에 지니고 다녔던 보석, 상점의 현금통에 넣어두면 돈이 술술 들어온다하여 상인석(商人石)이라도 불리며, 부(富)를 유지시켜 준다고 여겨지기도 한다.

## (3) 황수정(시트린)의 힐링에너지

■ 태양의 따뜻한 힘을 닮은 보석

황수정은 프랑스어로 'Citron' 즉, 레몬을 뜻하는 단어에서 유래한 이름을 가진 보석이다. 이 보석은 주로 노란색 색조를 가지며 기쁨, 풍요, 그리고 변화를 상징한다. 황수정은 마치 레모네이드 한 잔을 마신 듯한 활기찬 에너지를 전달하며 여름과 태양 광선을 상징하는 노란색 스톤으로 여겨진다. 이러한 황수정은 전 세계적으로 미국, 러시아, 마다가스카르, 영국, 프랑스, 스페인, 브라질 및 남아프리카에서 발견되고 있다. 황수정은 강력한 힘과 약속을 내포하며 태양의 치유 에너지로 비타민D와 같은 효능을 지녀 우리가 더 밝고 긍정적인 마음가짐을 갖도록 도와주는 역할을 한다. 그뿐만 아니라, 황수정은 '상인의 스톤'으로도 불리며 사업이나 직업에서의 성공과 풍요를 불러오며 일상생활의 모든 순간에 활력을 불어넣는 행운의 보석으로 여겨진다. 특히, 천연 황수정은 개인의 표현, 상상력 그리고 의지에 도움이 되는 최고의 보석 중 하나이다. 이 스톤은 태양의 힘을 담고 있어 마치 따뜻한 햇살처럼 우리의 마음을 위안해 주며 영혼을 활기차게 이끌어 준다.

■ 황수정의 다양한 신체적 이점

황수정은 신체적인 측면에서 여러 가지 이점을 제공한다. 소화, 시력 및 혈액순환을 돕는 데 효과적으로 호르몬 및 면역 체계를 지원할 수 있으며 갑상선의 불균형과 담낭 문제를 조절하는 데도 도움이 될 수 있다. 이 보석은 혈액순환을 개선하고 셀룰라이트를 제거하는 데도 탁월하며 소화 기능과 비장 및 췌장의 올바른 기

능을 자극해 내분비 시스템의 기능을 향상시키고 변비를 완화하는 데 도움을 주고, 의약품 부작용으로부터 몸을 보호하기 위한 중화 작용을 한다. 또한 안면홍조, 생리통, 기분변화, 부종 및 피로를 완화하는데 도움이 된다.

■ 황수정 에너지의 감정적 지원

황수정은 우리 삶에서 부정적인 에너지를 해소하여 마음의 평화를 가져다주며 편안하지 않은 기분을 긍정적으로 바꾸어주는 역할을 한다. 레드 재스퍼와 마찬가지로 어두운 상황에서 대담하고 밝은 빛을 찾을 수 있도록 도와준다. 또한, 책임감을 가질 때 느끼는 두려움을 극복하는 데 도움을 주며,긍정적인 태도를 유지하고 새로운 경험에 열려 있도록 격려한다. 황수정의 에너지는 내면의 빛을 더욱 강화하고 창의력과 상상력을 자극하여 영업, 카지노, 스포츠센터, 미디어 분야에서 일하는 사람들에게 특히 도움이 된다. 이 외에도, 가족이나 그룹 내의 문제를 원활하게 해결하도록 주변 사람들을 이해하며 대처하는 과정에 도움을 주며 그룹의 응집력을 촉진시킨다.

## 차크라 위치

태양신경총 차크라
천골 차크라

## 황수정 힐링효과

소화계, 시력, 혈액 순환, 호르몬계, 면역체계, 생리통, 안면홍조

## (4) 황수정(시트린)의 오라에너지

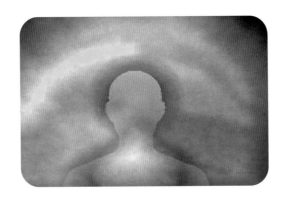

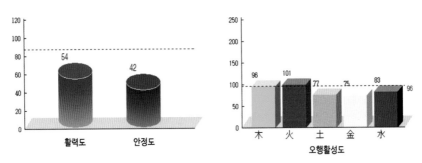

「 황수정을 착용하기 전의 오라에너지 」

　20대 중반의 한 여성이 오라에 대한 궁금증과 함께, 오라를 통해 타인의 마음을 읽을 수 있는지에 대한 호기심으로 상담을 요청했다. 그녀의 이러한 관심은 다른 사람들과 진정한 교감을 어렵게 여기는 심각한 불신에서 비롯되었으며, 그녀는 마음이 점점 피폐해지고 있다며 고통을 호소했다. 이러한 마음 상태는 위장장애와 섭식장애 같은 만성 소화기 문제와 과민성 대장 증상으로 이어졌다. 더욱이, 그녀는 외모에 대한 타인의 부정적인 평가로 자존감은 바닥으로 떨어져, 거듭 성형수술을 하게 되었고, 그 결과 또한 만족스럽지 못해 주변인들의 비난을 받으며 수치심과 분노를 감당하기 힘든 상황에 처해 있었다.

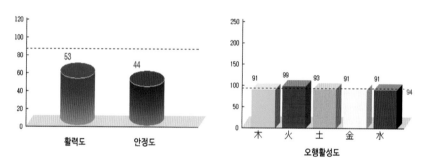

「 황수정을 착용한 후의 오라에너지 」

  상담 과정에서, 자기 자신을 사랑하고 신뢰하는 것이 중요하다는 사실을 알아차리도록 돕고자 노력했고, 이 과정에서 자존감을 회복하고 내면의 빛을 다시 찾을 수 있도록 도와주는 보석들의 메시지를 전달했다. 그녀는 여러 보석 중에서 황수정을 가장 좋아했다. 이 보석을 착용하기 전과 후의 오라에너지를 측정해 보았는데 결과는 놀라웠다. 황수정 착용 전보다 착용 후에 에너지 흐름이 더욱 개선되어 밝고 건강한 오라에너지로 측정되었다. 특히, 소화기의 에너지 흐름과 자존감과 연관된 토(土) 에너지가 77에서 93으로 대폭 상승하는 긍정적인 변화를 보였다. 자신감이 넘치는 사람이 가장 아름다워 보인다는 사실을 새삼 일깨워준 실험이었다. 스스로가 지닌 아름다움을 깨닫도록 도와주는 보석의 힘을 잘 확인 할 수 있는 좋은 임상 결과다.

# 30
# 원 - 약광석 _
## 건강보석 K-원스톤

## (1) 건강보석 K-원스톤(원-약광석)의 준보석학적 특성

| | | | |
|---|---|---|---|
| 색 | 광물혼합의 다양한 색 (삼원색과 오방색 등) | | |
| 투명도 | 투명~반투명 | 경도 | 5.5 ~ 6.5 |
| 비중 | 2.54 ±0.05 | 결정정계 | 비결정질 |
| 화학성분 | 주성분: $SiO_2$(약 70~75%)<br>부성분: 알칼리 금속 산화물 ($Na_2O$, $K_2O$, $Al_2O_3$)<br>알칼리 토금속 산화물 ($CaO$, $MgO$, $FeO$, $Fe_2O_3$) 등 약 68종 | | |
| 발색원소 | 광물질 혼합제조과정에 발생되는 영롱한 여러 가지 색 | | |
| 확대검사 특징 | 기포, 플로라인 | | |
| 주산지 | 대한민국 | | |
| 보관 및 관리 | 미지근한 비눗물, 초음파와 스팀세척, 충격에 유의 | | |
| 주요 차크라 | 가슴 | | |

## (2) 건강보석 K-원스톤(원-약광석)의 어원과 역사적 고찰

■ 건강보석 K-원스톤(원-약광석)의 어원

건강보석 케이골드스톤(K-Gold Stone)은 순수 국산 천연자원을 가공하여 인체 건강에 유익한 신소재를 발명하고, 이를 K-원스톤(K-One Stone), 일명 원-약광석으로 명명하였습니다.

해당 신소재는 "원적외선 및 음이온 방사, 항균 성능이 향상된 원료 조성물 및 이를 이용한 제품"으로, 발명특허 제10-2387301호로 등록되었으며, 천연 유색 보석에 버금가는 조건이 입증되어 신개념 준보석류의 원료로 주목받고 있습니다.

K-원스톤(원-약광석)은 특허청 발명 특허를 비롯해 한국세라믹기술원과 한일 원자력주식회사의 품질검사, ㈜한미보석감정원의 감별을 거쳐 성능을 인증받았습니다. 또한 여러 박사님에 의해 집필된 전문서 「보석의 힐링 에너지」에 임상 실험결과가 게재되었으며, (사)한국보석협회의 공식 인증도 획득하였습니다.

이 원료는 유해물질 흡착 및 분해, 항균, 정화, 탈취, 방부, 공명·공진 효과 등 다양한 기능을 갖추고 있어 동식물 성장 촉진, 물의 활성화, 피로 개선 등 자연 치유 효과를 체험할 수 있습니다.

< 그림1 > 특허증

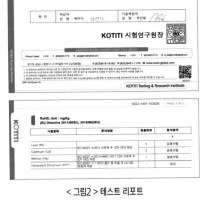

< 그림2 > 테스트 리포트

■ 활용성과 미래 비전

K-원스톤(원-약광석)은 패션 주얼리와 테라피용 힐링 주얼리는 물론, 주방용기, 생활용품, 관광 기념품 등 다양한 분야에 활용 가능하며, 앞으로도 지속적인 연구 개발을 통해 우리 민족의 정신문화를 선도하는 K-보석 문화로 자리매김해 나가고자 합니다.

## (3) 건강보석 K-원스톤(원-약광석)의 힐링에너지

■ 유해물질(세균)의 흡착, 항균, 정화작용의 현상

흡착력이 강한 건강보석 K-원스톤(원-약광석)의 원료는 1cm 당 3만여개의 다공질로 이루어져 있어 각종 유해물질을 흡착 분해하는 특성이 있다.

건강보석 K-원스톤(원-약광석)의 원료에 포함된 장석(알루미늄규산염류)은 $KAlSI_3O_8$, $NaAlSI_3O_3$ 혹은 $CaAl_2Si_2O_8$ $MgAl_2Si_2O_8$ 등의 화학 조성 중 규산 $SiO_2$은 $SiO_4$의 정사면체가 삼차원적으로 배열한 입체 구조이다.

그 구조는 알루미늄과 산소원자들이 감입하는 구조다.

그 구조의 변화(흐름)는 Mg, Ca, Na, K와 산소의 결합으로 이온 결합성이고 원•약광석이 수중에 놓이면 조금씩 이온화하면서 그 구조는 SiO라는 라디칼이 형성된다. 이 SiO 라디칼의 존재는 건강보석 K-원스톤(원-약광석)의 적외선 스펙트럼에도 발견되고 있다. SiO 라디칼은 철, 이온, 수은이온 등의 흡착, 이외 색소류, 세균류의 흡착하고도 관련이 있다.

「시험성적서-원약광석」

「시험성적서-원약광석」

「시험성적서-원약광석 컵」

■ K-원스톤(원-약광석)의 미래 가치

K-원스톤(원-약광석)은 단순한 액세서리를 넘어 첨단 기술과 예술적 영감이 결합한 우리나라 최초의 힐링 보석이다. 원적외선과 음이온 방사 및 항균 성능이 향상된 원료 조성물 및 이를 이용하여 제조된 제품이다. 더 상세하게는 원약광석을 주재료로 한 원료 조성물로서 제품의 정화작용과 탈취작용 및 방부작용이 탁월하도록 한 것이고, 이로 인해 제품의 품질과 신뢰성을 더욱 향상시켜 사용자인 소비자들의 다양한 니즈를 충족시킴으로 좋은 이미지를 심어줄 수 있도록 한 것이다.

　우리나라는 세계 사람들의 마음을 사로잡을 자수정, 연옥, 사문석을 제외하고는 천연 보석이 나지 않고, 유명 브랜드도 없다. 우리의 귀금속·보석산업은 수천 년간 이어져 온 우리의 금속공예 기술과 장인 정신의 산물이다.

　팬데믹 이후 소비자들의 라이프스타일과 주얼리 쇼핑 행태가 빠르게 변화하고 있다. 비대면·온라인 소비가 익숙해진 MZ세대가 주력 소비층으로 부상하면서, 이들의 눈높이에 새롭고도 효과적인 경험을 제공해야 하는 상황이 되었다.

이러한 상황 속에서 K-원스톤(원-약광석)이 탄생하였다. 장인의 손끝에서 탄생한 아날로그적 감성과 인공지능(AI)와 나노기술의 알고리즘이 빚어낸 디지털의 정교함, 전통과 첨단의 경계를 자유롭게 넘나들며, 기술과 예술을 창조적으로 결합해 낸 것이다. 장인 정신을 바탕으로 한 주얼리 제작의 전통을 지키면서도, 디지털 기술을 창의적으로 접목해 혁신을 이루어냈다. 광물에서 에너지를 추출, 보석으로의 탄생은 쉬운 일이 아니다.

예술의 도시 이탈리아 피렌체에는 두오모 성당이 있다. 르네상스건축의 걸작으로 평가되는 이 성당은 600년의 긴 세월을 거치며 완공되었다. 중세의 석공으로부터 르네상스 시대의 예술가에 이르기까지 수많은 장인들의 손길이 시대를 관통하여 고스란히 담겨져 있다. 돔 꼭대기의 십자가까지 정교하게 빚어낸 브루넬레스키의 상상력은 오늘날에도 감탄을 자아낸다.

K-원스톤(원-약광석)도 마찬가지이다. 발명가의 혼이 깃든 장인 정신의 전통 위에, 시대를 관통하는 창의성과 상상력을 더해 비로소 사공간을 초월한 우주에너지를 지닌 작품으로 거듭날 수 있었다. 한국만의 고유한 미감과 문화적 스토리텔링, 그리고 장인 정신과 기술력을 결합하였다. 오천 년 역사와 함께 꽃피워 온 우리 민족 고유의 美意識, 自然과 조화를 이루는 동양적 세계관과 정신적 신념은 K-원스톤 (원-약광석)의 경쟁력이다. 여기에 전통과 현대를 넘나드는 장인의 독창성과 꾸준한 기술혁신이 더해질 때 하나의 작품이 되는 것이다.

K-원스톤(원-약광석)은 새로운 기술혁신, 인공지능(AI)와 나노기술로 탄생하였다. 주얼리 산업의 본질적 가치와 경쟁력을 재정의하는 대전환의 계기가 될 전망이다. AI 디자이너가 사용자의 선호도에 맞게 실시간으로 최적화해 숙련된 장인들의 노하우는 물론, 방대한 빅데이터 분석을 통해 트렌드와 고객 니즈까지 반영하였고, 나노미터(nm) 단위의 초미세 제어 기술을 통해 색상과 강도를 조절하여 정교함과 섬세함을 창출, 신기술과 장인의 조화로운 공존을 이루어냈다.

K-원스톤(원-약광석)은 단순한 장신구가 아니다. 원료는 농업·축산·대기오염·음용수·환경·의료·화장품·건강바이오·건축자재·생활자기·의류 등 다양한 분야에 활용될 가치가 높다. 특히, 생체에너지 팔찌와 목걸이, 탄소섬유 열선 침대와 방석, 수면용 원적외선 베개, 음이온 코골이 방지 반지는 이미 생산과 판매가 이루어지고 있다. 자연의 경이로움과 인간의 창의성이 빚어낸 걸작이자, 사랑하는 이들에게 마음을 전하는 최고의 선물이 될 것이다. 그래서 K-원스톤(원-약광석)에는 materiality(중요성)를 넘어선 의미와 가치, 정신이 담겨 있다.

지속 가능성과 환경보존의 빛으로 더욱 빛나는 K-원스톤(원-약광석), 우리가 추구해야 할 주얼리의 참된 가치이다. 그리고 귀금속·보석의 치유에너지를 활용한 힐링&웰니스 콘텐츠 강화, 전통과 현대, 기술과 예술, 비즈니스와 보석문화의 융합이 K-원스톤(원-약광석)이 꿈꾸는 미래이다.

## < K-원스톤(원-약광석) 원료의 효능 및 용도 >

| 구분 | 분야 | 활용 가능 부문 |
|---|---|---|
| 효능 | 원적외선 방사 | 40도 상온에서 다량의 원적외선 방사 |
| | 음이온 효과 | 대기 중 다량의 음이온 발생, 대기 정화 및 실내오염 개선 |
| | 항균작용 | 바이러스, 박테리아, 곰팡이 제거 |
| | 중금속 흡착 탈취 | 토양·물·대기 중의 유독가스·중금속 흡착 |
| 용도 | 농업 | 친환경·유기농·화학·천연 비료 재료, 오이와 고추 등 기능성 채소 분말 살포, 산성화된 토지의 토양개량제, 특수 식물 및 과실 재배 |
| | 축산 | 동물사료 첨가제, 사료 보조제, 질병 치료(항생제 대체) |
| | 대기오염 | 소각로 용해·배기가스 부품 및 저감 장치 |
| | 마시는 물 | 기능성 마시는 물 제조장치, 스포츠음료, 숙취 제거 음료, 각종 건강음료 |
| | 환경 | 미네랄 작용으로 음식물 쓰레기 저감, 적조 방제, 가두리 양식장 오·폐수 처리, 수중 유기물 분해 수 처리제 |
| | 의료 | 기능성 각종 의료기, 질병 치료, 아토피 치료 개선, 면역력 강화, 중금속 흡착 분해 작용, 노폐물 분해 작용 |
| | 화장품 | 마사지용 젤과 마스크팩 등 미용 재료, 치약, 화장비누, 목욕 비누, 각종 화장품 |
| | 건강 바이오 | 전열식 및 전기 찜질기, 온돌 침대, 찜질용 매트, 베개, 쿠션, 매트리스, 전열식 찜질 목걸이, 팔찌, 코골이 방지 반지 |
| | 건축자재 | 건축 내장재 및 조립 세트, 이동주택, 내화용판, 벽돌, 바닥재, 블록, 모르타르, 아스팔트, 유리타일, 철도 침목, 광석 조각품, 싸우나 및 찜질방 |
| | 생활자기 | 의료적 기능성 각종 생활자기, 호텔용 양식 접시 세트, 반찬 용기, 꽃병, 화분 |
| | 의류 | 불연재 섬유, 원단사업, 의류사업, 속옷 생산 |

## (4) K-윈스톤 (원-약광석)의 오라에너지

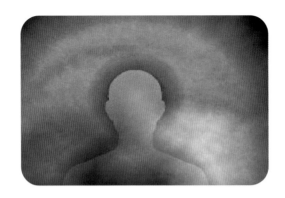

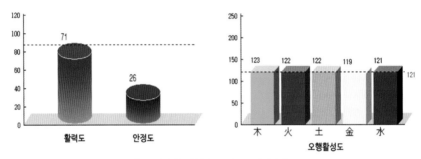

「 원-약광석을 착용하기 전의 오라에너지 」

50대 초반의 한 남성이 오랜 기간 누적된 스트레스로 인해 일상생활과 인간 관계에서 큰 어려움을 겪고 있었다. 누구나 스트레스는 겪지만, 회복탄력성이 강한 사람들은 스트레스 상황에서도 빠르게 마음의 균형을 되찾을 수 있다. 하지만 이 남성은 어린 시절부터 예민한 성격으로 인해 작은 충격에도 오랫동안 마음고생을 해왔다고 한다. 나이가 들면서 자연스럽게 내성이 생길 것이라는 기대와는 달리, 그는 점점 더 초민감자가 되어갔고, 현재 다양한 상담을 받고 있는 중이다. 스트레스는 독소 호르몬을 분비시켜 신체에도 부담을 주기 마련인데, 이 남성 역시 혈압, 당뇨, 고지혈증약을 복용하며 전신의 피로감을 호소하고 있었다.

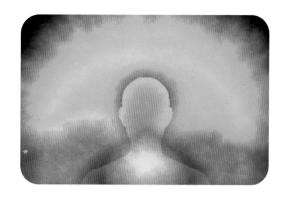

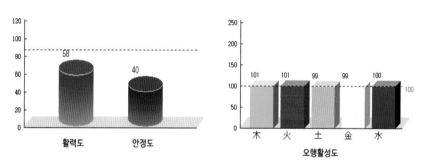

「 원-약광석을 착용한 후의 오라에너지 」

이러한 상황에서, 아로마테라피와 싱잉볼 테스트 등 다양한 방법을 시도한 후, 이어서 보석 에너지가 그에게 어떤 영향을 미칠지 탐색하기로 했다. 여러 가지 다양한 원석들을 테스트하였는데 크게 변화가 보이지 않았다. 그러던 중 원-약광석 팔찌를 착용한 후, 그의 오라에너지가 반응하며 드디어 변화가 나타났다. 안정도가 26에서 40으로 크게 상승하였고, 오행 에너지가 고르고 균형 잡힌 상태로 변화하였다. 특히, 피로하거나 긴장할 때 자주 나타나는 경향이 있는 붉은색 오라 반응이 사라지고 밝고 환한 연초록색으로 변하였는데 매우 긍정적인 에너지 변화다. 이는 한국에서 채굴되며 한국형 건강 보석으로 소개되고 있는 원-약광석의 에너지 효과를 보여주는 중요한 사례이다.

# 부록

# ◀ KGTA (사)한국보석협회 탄생석 공식 선정 ▶

| 탄생월 | 상징 | KGTA(한국보석협회) 선정 | ICA(세계보석협회) 선정 | 탄생석 이미지 |
|---|---|---|---|---|
| 1월 | 우애, 진실 충실, 정절 | 가닛(석류석), 로즈쿼츠(장미수정) | 가닛(석류석), 로즈쿼츠(장미수정) | |
| 2월 | 성실, 마음의 평화 | 자수정, 크리소베릴 캐츠아이 | 자수정, 오닉스 | |
| 3월 | 침착, 용감 총명 | 아콰마린, 산호, 아이올라이트(근청석), 블러드스톤(혈석) | 아콰마린, 블러드스톤(혈석), 옥(제이드) | |
| 4월 | 영원불멸 청정무구 | 다이아몬드, 백수정, 모거나이트 | 다이아몬드, 백수정, 맑은 수정 | |
| 5월 | 행운, 행복 | 에메랄드, 베릴(녹주석), 비취(제이다이트), 칼세도니(옥수) | 에메랄드, 베릴(녹주석), 칼세도니(옥수) | |
| 6월 | 건강 장수, 부 | 진주, 문스톤(월장석), 알렉산드라이트, 연옥(네프라이트) | 진주, 문스톤, 알렉산드라이트 | |
| 7월 | 열정 인애, 위엄 | 루비, 스핀, 카닐리언(홍옥수) | 루비, 카닐리언(홍옥수) | |
| 8월 | 부부의 행복 화합 | 페리도트(감람석), 스피넬, 사도닉스 또는 아게이트 | 페리도트, 스피넬 | |
| 9월 | 자애 성실, 덕망 | 사파이어, 쿤자이트 | 사파이어, 라피스라줄리 (청금석) | |
| 10월 | 안락, 인내 비애극복 | 오팔, 투어멀린(전기석) | 오팔, 투어멀린(전기석) | |
| 11월 | 우정, 우애 희망, 결백 | 토파즈, 황수정 | 토파즈, 황수정 | |
| 12월 | 성공 | 터키석, 탄자나이트, 라피스라줄리(청금석), 지르콘 | 터키석, 블루 지르콘, 탄자나이트 | |

# ◀ 보석학적인 특성 해설 ▶

| | |
|---|---|
| 색 | 외관으로 보여 지는 색(보석의 기본적인 색에 대한 첫 인상) |
| 투명도 | 보석이 빛을 투과하는 정도(5단계로 나눔) |
| 경도 | 보석의 긁힘에 대한 저항의 정도 |
| 비중 | 동일한 부피의 물의 무게에 대한 보석 무게의 비율 |
| 강도 | 충격에 견디는 능력으로 인성이라고도 함 |
| 결정정계 | 모든 결정은 결정에 존재하는 대칭도에 따라 7정계로 분류 |
| 화학성분 | 보석재를 구성하는 화학적 요소들 |
| 발색원소 | 어떤 특징적인 색을 발생시키는 원소들 |
| 내포결정체 | 해당 보석(Host) 내부의 다른 결정 |
| 확대검사 특징 | 보석용 확대 기구를 통한 보석 내부와 외부의 특징 |
| 주산지 | 주로 산출되는 지역 |
| 탄생석 | 태어난 달을 상징하는 보석 |
| 보석말 | 해당 보석이 상징하는 의미 |
| 별자리 | 태어난 날에 해당하는 별자리 |
| 보관 및 관리 | 해당 보석의 착용 및 세척에 관한 주의 사항 |
| 기타 | 주요 차크라, 결혼기념 주년, 계절, 요일, 일일, 시각 등을 표기 |
| 별칭 | 달리 부르는 명칭 |

# ◀ 차크라 이해 ▶

## [ 차크라란 ]

산스크리트어로 '바퀴'라는 의미를 가진 말로 인체의 7가지 '힘의 중심'을 말한다. 정신적인힘과 육체적인 기능이 합쳐져 상호작용을 하는 것으로 여겨진다. 육체적 수준에서 내분비계와 직접 관련된 회전하는 에너지의 중심지점으로, 에너지를 받아 진행시키고 전달하는 기능을 담당한다. 교감신경계, 부교감신경계 및 자율신경계와도 상호관계를 맺고 있으며, 인간의 온몸 구석구석과 긴밀히 연결을 맺고 있다. 이와 함께 신체적인 에너지뿐만 아니라 감각과 감정, 사고 등 심리적으로 영향을 미치는 에너지 통로의 중심이기도 하다.

| 컬러 | 차크라 | 삶의 과제 |
|---|---|---|
| ● 바이올렛 | 정수리 | 합일감 |
| ● 인디고 | 이마 | 통찰 |
| ● 블루 | 목 | 평화 |
| ● 그린 | 가슴 | 사랑 |
| ● 옐로우 | 태양신경총 | 명료한 확신 |
| ● 오렌지 | 천골 | 자신과 타인 수용 |
| ● 레드 | 뿌리 | 나로 존재하기 |

고대 인도를 포함한 많은 문명에서 인체 내부에는 무지개 컬러 에너지와 공명하는 에너지 센터가 있다는 것을 알게 되어 이를 차크라 라고 불렀다.

7개의 차크라는 에너지 차원의 통합적인 차크라 시스템을 형성하여 인체에 지대한 영향을 미친다는 것을 깨달은 것이다. 신경계통에 에너지를 제공하여 호르몬 분비뿐만 아니라 의식의 상태, 그리고 삶의 과정에서 접하는 다양한 상황에 대응하는 우리의 결심, 의지 등에 지대한 영향을 주고 있다.

# ◀ 오라에너지 (음양오행) ▶

## [ 오라에너지 측정 원리 ]

오라란 존재가 지닌 고유한 전자기장을 의미하며 존재의 정보가 진동과 파동의 형태로 저장되어 있다.

미국의 보완대체의학센터(NCCAM)에서는 '생체장(bio-field)'이라는 이름으로 불리고 있다.

인체에는 측정이 가능한 전기적 흐름과 자기장이 있는데, 그것은 피부 표면이나 신체 외부에서 측정할 수 있다. 병원에서 뇌파와 심파 또는 근전도를 피부에 부착한 전극으로 측정할 수 있는 이유다.

오라에너지(AURA ENERGY) 측정장치는 미세한 생체 전기를 손을 통해 인가시키고 생체의 전자기장을 유도·증폭시켜서 피드백을 받는 바이오피드백 장치의 일종이다. 이를 통해 심신의 상태를 간편하게 관찰할 수 있도록 고안되었다.

## [ 오라에너지 측정 결과 분석법 ]

오라에너지 분석을 위해 고려해야 할 세 가지 요소가 있는데, 첫 번째는 오라에너지의 결맞음, 두 번째는 음양에너지 균형, 세 번째가 오행에너지 균형이다.

### ◆ 세포의 하모니를 들려주는 오라(bio-field)의 결맞음(coherence)

독일 과학자 프리츠 알베르트 포프는 세포 연구를 통해 생명의 파동장(bio-field, 여기서는 오라로 통일)은 건강하고 젊은 세포의 경우 미토콘드리아나 세포 내의 바이오 포톤의 방출의 결맞음(coherence)은 좋은 편이나 나이가 들고 병든 세포의 경우 결맞음이 교란되어 흐트러진다고 밝혔다.

또한 오라(bio-field)의 결맞음 상태가 높으면 건강을 유지하게 되나, 교란이 생기고 결맞음이 나빠지면 육체에는 질병이나 불편함이 생길 수 있다고 많은 연구에서 동일하게 언급되고 있다. 결맞음 상태를 보는 것은 오라 분석에서 기본 과정이다.

**이런 결맞음의 상태를 오라 이미지 화면으로 보면 아래와 같다.**

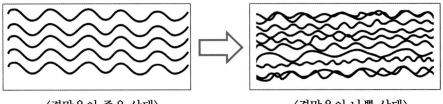

〈결맞음이 좋은 상태〉　　　　　　　〈결맞음이 나쁜 상태〉

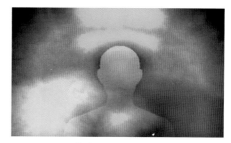

〈결맞음이 좋은 오라〉　　　　　　　〈결맞음이 나쁜 오라〉

◆ 전체적인 음양 균형을 보여 주는 활력도·안정도 도표

　　활력도와 안정도를 '음양 밸런스 도표'라고 부른다. 활력도는 에너지의 발산을 의미하는데, 에너지의 흐름이 몸의 윗부분과 바깥쪽으로 향할수록 활력도의 수치가 올라간다. 즉 에너지의 방향성을 알 수 있다. 평상시를 기준으로 가장 균형 잡힌 상태는 활력도 60대 안정도 40대, 또는 활력도 65대 안정도 35대 정도다.

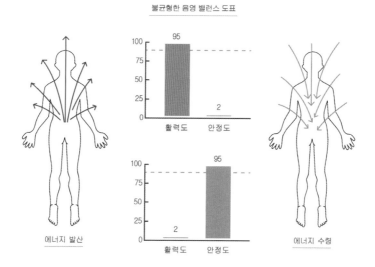

에너지 발산이 지나치게 지속되면(즉 활력도가 지나치게 높으면) 에너지의 과잉 소모가 올 수 있고, 발산을 위해 전기 반응을 과도하게 일으켜 세포가 자정 작업을 할 겨를이 없어져 피로물질들이 제거되지 못하고 쌓이게 된다. 세포의 과한 대사 과정에서 발생하는 위험한 물질로는 활성산소가 대표적인데, 세포손상과 암의 원인이 되기도 한다.

　　한편, 에너지 수렴은 (안정도 수치와 관련된) 잠을 자거나 묵상, 명상, 이완을 돕는 힐링 과정에서 주로 높아진다. 그러나 아무 이유 없이 지나치게 오래 안정도 수치가 높다면 이 역시 심신 건강의 위험 신호가 될 수 있다.

◆ 맞춤형 관리의 지표가 되는 오행활성도 분석법

맞춤형 관리를 위해 가장 활용도가 높은 결과값이 오행활성도 수치비교다.

26년간 수만 명의 데이터를 분석, 통계화를 통해 만들어졌으며 흥미롭게도 동양의학적 심신의학과 맥락이 닿아 있다.

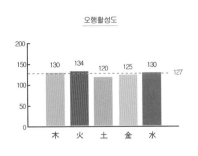

오행활성도

오행에너지 분석법

| 木 | 목 | 해독에너지, 간과 담낭에너지와 관련 스트레스, 음주, 과로, 분노 등과 관련 |
|---|---|---|
| 火 | 화 | 생명에너지, 심장과 소장에너지와 관련, 지나친 업무나 과로, 지나친 추구와 관련 |
| 土 | 토 | 소화에너지,비장과 위, 췌장에너지와 관련, 근심, 걱정, 의심, 부정적 생각 등과 관련 |
| 金 | 금 | 면역에너지, 폐와 대장과 관련, 흡연, 인스턴트 식품, 슬픔, 비만, 우울, 공해와 나쁜 식습관 등과 관련 |
| 水 | 수 | 정화에너지, 콩팥과 방광, 에너지관련, 비뇨생식기에너지관련, 공포, 두려움, 밀가루식품, 유해식품, 약물과 관련 |

만물은 입자와 파동으로 이루어져 있고 지속적으로 진동과 파동을 만들어 내고 있다. 만물이 고유한 형상을 지니고 단단하거나 부드럽거나 반짝이거나 컬러를 지니는 등의 물성들 또한 이러한 진동과 파동이 만들어 낸다.

오행에너지는 만물이 지니는 운동에너지를 크게 다섯 가지로 구분하는 동양철학으로부터 유래되었는데 동양의학의 기본을 이룬다.

에너지 발산을 의미하는 양(활력도)의 운동을 세분화시켜 보면 위로 상승하는 목(木)의 에너지와 상승하며 사방으로 펼쳐지는 화(火)의 에너지로 나눌 수 있다. 계절로 보면 봄과 여름에 해당된다.

에너지 수렴을 의미하는 음(안정도)의 운동을 세분화시켜 보면 아래로 안으로 수렴하며 테두리(껍질)를 만들어 안팎의 경계를 단호하게 형성하는 금(金) 에너지와 보다 더 에너지를 농축시켜서 깊숙이 수렴시켜 주는 수(水) 에너지로 구분지을 수 있다.

자연의 에너지 흐름인 계절로 치면 가을과 겨울에 해당된다.

그리고 이러한 각기 다른 에너지의 운동들이 각자의 본질대로 잘 수행될 수 있도록 안정화시켜 주는 토(土) 에너지가 있다. 각 계절의 사이, 간(환)절기에 해당된다.

이러한 각기 다른 에너지들은 인체 장기들의 활동과 매우 밀접한 관계가 있고, 내분비의 균형과 정서에도 큰 영향을 미치므로 심신 건강을 위해 중요하다.

오행활성도 결과값을 분석할 때 핵심은 음양의 균형과 마찬가지로 균형과 조화다. 높은 수치는 민감해지고 과잉된 반응이고, 낮은 수치는 만성화되며 자극에 반응하기보다 부족한 에너지를 수렴하려는 반응이다. 높은 에너지는 낮추어 주고 낮은 에너지는 높여 주며 균형을 도와주는 것이 필요한데, 다양한 맞춤형 관리를 할 때 중요한 지표로 삼을 수 있다.

# ◀ 참고문헌 ▶

[단행본]

1) 국내
- 김영출(2016) 「보석」 한국산업인력공단
- 김영출(2016) 「주요 보석 특성 차트」 한국산업인력공단
- 김원사(2004) 「보석학」 도서출반 우성
- 김지아(2018) 「김지아의 보석이야기」 ㈜대원사
- 김춘경 외 「상담학 사전」
- 김훈철/매드이십일 「컬러마케팅은 '시각적 브랜딩 전략'이다」
- 노영채, 이영좌(2022) 「아로마 화학이야기」
- 문희수(2010) 「보석, 보석광물의 세계」 자유아카데미
- 안동연(2013) 「All About Jewelry」 대원사
- 안순진(1995) 「보석의 힘이 운명을 바꾼다」 나라미디어
- 이창진(2010) 「기본 광물·암석 용어집」 한국학술정보㈜
- 육혜숙, 이영좌(2021) 「즐거운 뇌 오감테라피」
- 윤성원(2015) 「보석, 세상을 유혹하다」 시그마북스
- 윤성원(2020) 「세계를 움직인 돌」 모요사
- 윤성원(2021) 「세계를 매혹한 돌」 모요사
- 윤정한(2012) 「광물학노트」 전남대학교출판부
- 조기선 외(1994) 「보석학일반」 고려원미디어
- 조기선, 박광석(2010) 「보석감별」 도설출판 미스바
- 컬러인포스 「컬러애널리스트」 PIB연구소
- 한국산업인력공단 「색채학」
- 소매상을 위한 천연보석주얼리스토리북 서울주얼리지원센터

2) 국외 및 번역서
- Eva Mees
- Christeller(2004) 「인지학 예술치료」 정정순, 정여주, 서울 : 학지사
- Gemological Institute of America(1995) 「Gem Reference Guide」
- ICA(International Colored Gemstone Association)탄생석,
  www.gemstone.org/birthstones
- James McKeon & Roberta Carothers 「Aora Gemstone Oracle」

- Pixabay
- Walter Sohumann(1999) 「보석」 김원사편역 서울 : 도서출판 우성
- 노다 사찌코 「오라소마 칼라힐링레슨」
- 수 릴리 / 공민희 「크리스털 힐링 바이블」
- 알요사 슈바르츠·로날드 슈베페 저(유순옥 역)(2017) 「힐데가르트의 20가지 보석치료」, 하양인
- 일본,誕生石改訂 29石の誕生石一速報, 전국보석도매상협동조합, www.zho.or.jp/news/661/
- 야하기 치하루(2017) 「돌의사전」 한주희역 서울 : 도서 사양
- 이즈미 도모코 「빨간 하이힐을 신는 그 여자 vs 초록색 넥타이를 매는 그 남자」
- 쥬디 홀 「크리스탈 바이블」
- 하리쉬 조하리/ 김경숙, 딴뜨라·아우르베다 「점성학에서의 보석의 치유의 힘」

**[학위논문 및 정기간행물]**
- 김가빈(2012) 인간체질에 따른 보석처방법 비교 연구 창원대학교대학원 박사학위논문
- 김은애(2007) 투어마린 보석요법이 여대성의 월경곤란증, 월경통증 및 프로스타글라딘 농도에 미치는 효과. 중앙대학교 간호대학원 박사학위논문
- 민은미(2019) 7월의 보석루비 반전장면에 더빛나 주간동아 1198호 58p~60p
- 민은미(2019)토파즈가 황금빛 여인으로 형상화된 사연 주간동아 1213호 34p~37p
- 민은미(2019) 8월 탄생석 페리도트 클레오파트라가 사랑한 '이브닝 에메랄드' 주간동아 1201호 46p~49p
- 민은미(2020) 3월 탄생석 아쿠아마린 사랑을 쟁취하기 위한 거침없고 저돌적인 젊음의 상징 / 주간동아 1229호 38p~41p
- 박나연(2018) 도형심리검사를 활용한 보석장신구 착용의 자존감과 심리적 안정감에 미치는 효과
- 박종운(1997) 고대 인도 철학(AYURVEDA)의 형성과 체계 경희대학교 대학원 박사학위논문
- 이은영(2022) 치유인문학과 힐데가르트의 보석치료에 관한 고찰 자연치유학회지 11권 1호 62p~67p

- 신재호(2003) 보석색의 심리적 접근을 통한 장신구 조형 연구
- 좌용주, 김유리, 송영진, 조영구(2016) 우리나라 선사시대 옥기류의
  하나인 천하석에 대한 연구. 한국광물학회지 26권 4호
- 조영란(2011) 보석의 색상이 소비자의 구매 행동에 미치는 영향
- 조영란(2021) 보석컬러 테라피를 활용한 관광상품 개발에 관한 연구
  가톨릭 관동대학원 박사학위 논문
- 최정임(2017) 보석의 치유효과에 대한 신체심리학적 연구
  동방문화대학원대학교 박사학위논문
- 하경숙(2010) 힐데가르트 보석요법이 중년여성의 심리상태에 미치는 효과
  가톨릭대학교대학원 박사학위논문

## [인터넷과 기타자료]

- 귀금속경제신문(www.diamonds.co.kr)
- 네이버 지식백과(www.naver.com)
- 다음 백과(www.daum.net)
- 두산백과(www.doopedia.co.kr)
- 익산보석박물관(www.jewelmuseum.go.kr)
- 주얼리신문(www.koju.co.kr)
- 한국민족문화대백과(www.encykorea.aks.ac.kr)
- GIA홈페이지(www.gia.edu)

## [사진 촬영 협조]

- 귀금속경제신문(김태수) • 나디(조영란) • 다미보석(정수택)
- 다이보석(안재섭) • 루시아골드(황룡) • 미다스젬(김갑현)
- 보금당(박민자) • 보석과사람(오상필) • 보석힐링연구소(김은애)
- 삼현(윤호중) • 석담황금보석박물관(최팔규) • 석보코리아(엄현수)
- 성화젬(송영회) • 세진젬(윤석희) • 솔로몬드(전병옥) • 알리바바젬(윤문희)
- 언양제일광업사(고용균) • ㈜에너지사이언스(이영좌) • 영석사(박용규)
- 우진공방(전정남) • 운석(허남필) • 젬앤젬스(김대근) • 젬케어(박영선)
- 젬프라이즈(박준서) • 케이골드스톤(홍리정) • 코리안주얼리사(남강우)
- 티젬(한성진) • 펄스톤(성효경) • 한국무역금다이아몬드거래소(윤영진)
- 한국주얼리센터(김성기) • ㈜한미보석감정원(김영출)

**홍 재 영**
(사) 한국보석협회 회장

# 프로필

소　속 : **(現)** 귀금속보석 제조 도소매 무역회사 유금사 대표
　　　　**(現)** 원약광석 케이골드스톤 케이원스톤 회장
　　　　**(現)** ㈜한국보석협회 회장
　　　　**(現)** ㈜세계평화여성연합 이사
　　　　**(現)** ㈜한국다문화평화연합 이사
　　　　**(現)** ㈜남북통일운동국민연합 이사

학　력 : 선문대학교 행정대학원 행정학 석사

자　격 : 국선도 진기축기 단법 4단
　　　　발명특허 제10-2387301호 연구개발 특허 취득

경　력 : 2018년부터 2024년까지 ㈜한국보석협회 회장 역임
　　　　서울특별시 종로구 귀금속보석산업 지원조례 제정 추진
　　　　서울특별시 귀금속보석산업 활성화 지원조례 제정 추진

수　상 : 2020 국민정책평가원 국정감사평가단 대한민국을 빛낸 브랜드파워 대상
　　　　2021 국회 과학기술정보통신위원회 국산광물연구개발실적 표창
　　　　2023 대한민국 한류 대상

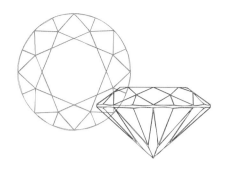

# 에필로그

　21C 과학의 발전은 많은 직업이 사라지고 새로운 직업이 탄생하기도 하는 글로벌 시대가 되었지만, 귀금속 보석과 인류의 삶은 과거, 현재, 미래에도 변함이 없을 것입니다.

　귀금속 보석의 변치않는 특성은 온 세상과 우주속의 모든 존재 가치를 비교하고 판단하는 기준으로 되어 왔습니다.

　원-약광석(케이골드스톤)은 새로운 글로벌 시대에 걸맞는 순수한 국산자원으로 개발되고 특허인증 된 원적외선과 음이온 방사 및 항균 성능이 향상된 원료 조성 물인 준보석류로서 귀금속 주얼리명품, 보석테라피작품, 주방용제품을 비롯하여 각종 생활용품들에 이르기까지 활용되는 원료로 개발되었습니다.

　피조세계 생명력을 지닌 수만종의 어패류와 동,식물의 성장촉진, 그리고 인체의 세포 활성화와 그이상의 가치를 지닌 장신구로 소유자의 몸과 마음의 건강과 행복을 체험하며 조상으로부터 물려받은 손기술 디자인 감각의 순수 국산기술과 널리 인간을 이롭게 하라는 弘益人間(홍익인간) 정신과 함께 온 인류에게 건강과 아름다움에 기쁨을 보급하고자 합니다.

　건강보석을 문화 컨텐츠로 키워내는 일은 분명 쉬운일은 아니었지만, 우리민족 순수 자원과 충분한 잠재력과 가능성을 믿고 원-약광석 (케이골드스톤)을 발명하게 되었습니다.

　오늘이 있기까지 도움을 주시고 저자로 참여해주신 김영출 한미보석감정원장, 김은애, 조영란, 이영좌 네 분의 박사님들에게도 감사의 마음을 전합니다.

김 영 출 공학박사

소　속 : **(現)** ㈜한미보석감정원 원장
　　　　 **(現)** 한경국립대학교 특임교수
　　　　 **(現)** ㈔한국결정성장학회 부회장
　　　　 **(現)** ㈔한국귀금속판매업중앙회 부회장
　　　　 **(現)** ㈔한국보석협회 등기이사

경　력 : **(前)** 홍익대학교 겸임교수(2000 ～ 2005)
　　　　 **(前)** 경기대학교 대우교수(2000 ～ 2005)
　　　　 **(前)** 서울과학기술대학교 겸임교수(2006 ～ 2012)
　　　　 **(前)** ㈔한국조형디자인학회 편집위원(2015 ～ 2017)
　　　　 관세청 인천공항세관 평가위원 (2007～ )

학　력 : 동신대학교 보석공학과(보석감정) 박사학위

자　격 : FGA (영국보석학협회 보석학 자격 및 특별회원)
　　　　 GIA-GG (미국보석연구원 보석감정전문가 및 창립회원)
　　　　 국가공인 보석감정사

저　서 : 「다이아몬드(한국산업인력공단刊)」, 「보석(한국산업인력공단刊)」 등 14편

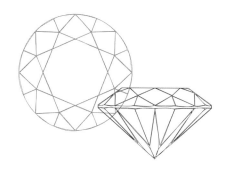

# 에필로그

    대부분의 보석이 광물에서 기인하게 되는데, 현재 광물의 수는 5,400여종이며 보석의 수는 230여종으로 알려져 있습니다. 2022년에 (사)한국보석협회의 공식 발표에 의하면 우리나라의 탄생석의 종류는 35종인데, 이번에 소개할 보석 종류는 29종으로 보석학적인 특성을 일목요연하게 각 보석 종류마다 챕터 첫 페이지에 소개하였습니다.

    이 책에서는 탄생석과 별자리에 따라 달라지는 수호석의 신비스러운 효능의 힘을 교감할 수 있도록 알리고 싶었습니다.

    보석을 부적 가치로 주목한 사람들은 액막이나 부적으로서의 수호석을 찾아다녔는데, 이들이 수호석을 정하는 데는 두 가지 방법이 있었습니다. 하나는 탄생석이고 다른 하나가 별자리로 정하는 방법이었습니다.

    고대 점성술에서는 인간의 운명은 태어나는 순간 천체의 위치와 밀접한 연관이 있는 것으로 정의했고 사람은 죽어서 별이 된다는 사고방식에서 인격화된 12개의 별자리가 인간의 탄생과 그 후의 운명을 지배한다고 생각했습니다. 오늘날에도 여전히 탄생석과 수호석은 우리가 변화를 주고 조화를 얻는 용도로 사용할 수 있는 신비한 도구입니다.

    또한 보석은 좋은 에너지를 방사해 우리 삶의 여정을 잘 헤쳐 나갈 수 있도록 도와주는 힘이 있습니다. 보석이 지닌 빛은 강한 진동 에너지파를 내포하고 있으며, 그 힘은 사람에게 좋은 영향을 준다고 믿기 때문입니다.

    아래 별자리별 수호석을 소개하고 그 특징과 성격 등을 열거해 두니 보석을 새롭게 즐기는 매력에 빠져 보시기 바랍니다.

김 은 애
간호학박사

소　속 : (現) 보석힐링연구소 대표

학　력 : 중앙대학교 간호학 박사(2007)
　　　　(투어마린 보석요법이 여대생의 월경곤란증, 월경통증
　　　　및 프로스타글라딘 농도에 미치는 효과)
　　　　이화여자대학교 디자인대학원 디자인학 석사(2018)
　　　　중앙대학교 보건학 석사(1999)

경　력 : (前) 한국광물수집가 협회 이사
　　　　(前) 한국주얼리가치 평가회 이사
　　　　(前) 한국주얼리 디자인협회 이사

자　격 : 한국주얼리가치 평가사
　　　　GIA GG (진주감정)
　　　　Aura 에너지 분석가

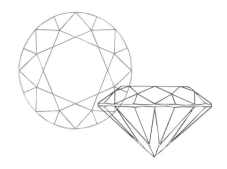

# 에필로그

　보석은 동서고금을 막론하고 신비와 경외의 대상이었습니다. 보석의 특별한 숨결과 우주의 무한한 기운이 아름다운 빛과 투명한 반짝임에 응결되어 있다고 생각했기 때문일 것입니다. 그래서 예로부터 보석을 몸에 지니면 불시의 재앙으로부터 보호를 받을 수 있을 뿐 아니라 뜻밖의 행운을 얻게 된다고 믿기도 했습니다.

　또한 보석은 치유에도 매우 귀중하게 사용되었습니다. 동서양의 고대 문명권에서 출토되는 유물에서 우리는 보석이 치유도구와 약재로 사용되었음을 볼 수 있습니다. 구전으로만 전해지던 보석요법은 현대 과학에 의해 원리가 밝혀지고 새로운 가치가 발견되기도 합니다. 보석이 지닌 치유 능력의 신비를 밝혀내고 증명함으로써 인류의 건강에는 물론 자연 생태계에 이르기까지 선한 영향력을 미칠 수 있게 된 것입니다.

　이 책에서는 현존하는 5400여 종의 광물 중 치유 에너지 효과가 높은 29종의 보석과 새롭게 개발된 원약광석을 다루었습니다. 보석은 광물의 특성에 따라 기하학적으로 대칭형 결정 구조를 지니는데 이러한 결정 구조 특유의 파동 에너지가 인체의 세포에 영향을 미칩니다. 이 책에서는 오라에너지 스캐너를 활용하여 29종의 보석과 원약광석이 우리의 몸과 마음에 어떤 영향을 미치는지를 증명하고 설명했습니다. 또한 각 보석의 심신 치유 효과에 대한 여러 임상체험사례를 상세히 기술하여 보석요법에 대한 이해를 돕고자 했습니다. 모든 과정이 과학적인 실험과 객관적인 데이터를 토대로 진행되었다는 것을 강조해 밝혀둡니다.

　저는 보석요법이 대체의학의 한 부분으로 받아들여지기를 희망합니다. 더불어 이 책이 보석과 건강에 관심이 있는 모든 분들께 도움이 되기를 기대합니다.

# 프로필

**조 영 란**
관광경영학박사

소 속 : (現) 한국보석컬러테라피 진흥원 나디(j.nadii) 대표
       (現) 강릉영동대 외래교수
       (現) ㈜한국귀금속판매업중앙회 부회장

학 력 : 가톨릭관동대학교 관광경영학 박사
       보석의 색을 활용한 관광상품 개발에 관한 연구 (2021)
       경기대학교 서비스경영대학원 석사
       보석의 색상이 소비자 구매행동에 미치는 영향에 관한 연구(2011)

자 격 : 보석컬러심리 분석사 / 국제아로마 상담 전문가
       CPAC-컬러분석사 1급 / AURA분석사
       일본휴먼 컬러애널리스트 / 영국 컬러미러 2급
       컬러인포스 1급 및 전문교육강사
       국가공인 보석감정사 & 한국주얼리가치 평가사
       이화여자대학교 이미지컨설턴트
       JAPAN DIC 컬러스쿨 이미지컨설턴트

저 서 : 보석, 컬러를 만나다
       포츈잼스톤 카드 NO.45, 오라클카드
       나를 찾아 떠나는 보석힐링 여행 – 컬러링북

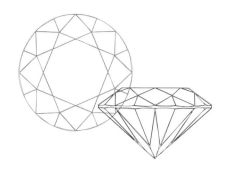

# 에필로그

　보석은 각각의 독특한 빛과 색을 가지고 있으며, 이러한 색에 따라 다양한 치유 효과가 나타납니다. 모든 생명체는 고유한 에너지를 띠며, 사람 또한 자신만의 생체 에너지 즉, 기(氣)를 지니고 있습니다. 모두 같은 사람이지만 서로 다른 성격을 띠는 것과 같이 보석의 컬러 에너지도 각기 다른 힘으로 작용합니다.

　이처럼 컬러, 에너지와 시간의 기억을 담고 있는 보석은 자연으로부터 깊은 교감과 직감적 사고에 의존했던 인간의 삶 속에서 자연치유의 도구로 사용되었으며, 보석의 에너지를 통해 신체적 증상뿐만 아니라 정신과 영혼에 이르기까지 다양한 치유적 경험을 제공해왔습니다.

　삶에서 우리는 의미와 풍요를 추구하지만, 종종 불안과 우울 같은 감정을 경험하기도 합니다. 보석은 이러한 우리의 감정과 감각을 충전시키고 우리가 자연의 일부임을 기억하게 해주는 도구로 사용될 수 있습니다.

　밤하늘에 빛나는 수많은 별들이 하늘의 보석이라면, 땅 위에서 반짝이는 보석은 바로 우리 자신입니다. 모두가 별과 보석같이 빛나고 소중한 존재인 우리에게 보석은 더이상 장신구로써의 가치뿐만 아니라, 나의 마음과 자아를 표현하고 세상과 소통하는 도구로 그 가치를 더하고 있습니다.

　보석에 대한 통찰과 기술력을 통해 보석 에너지를 세상에 알릴 수 있도록 함께해주신 공동 저자분들과, 보석의 힐링 연구에 오랜 기간 함께 해주시는 한국보석힐링연구회 회원님들께도 깊은 감사의 마음을 전합니다.

**이 영 좌**
상담학박사

 프로필

소  속 : (現) ㈜에너지사이언스 대표
　　　　(現) 차의과학대학 통합의학대학원 겸임교수

학  력 : 원광대학교 생체공학 박사
　　　　미국 ACADCI 중독상담학 박사

경  력 : ISO 10724 국제 자격과정 심의위원
　　　　국제힐링라이프코칭협회 회장
　　　　국제통합테라피학회 부학회장
　　　　㈔한국치매예방교육협회 부회장
　　　　국제생활습관코칭협회 부회장

저  서 : 가슴의 대화
　　　　즐거운 뇌 오감테라피
　　　　아로마화학이야기

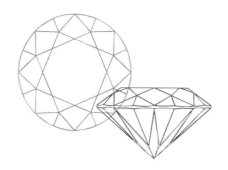

# 에필로그

긴 시간 에너지 의학을 연구해오며 보석 에너지에 깊은 관심을 기울여온 저는, '지구에 영혼이 있다면 그것이 바로 보석'이라고 생각할 정도로 보석의 순수하고 강력한 에너지를 느낄 수 있었습니다. 이번 책 작업을 통해 같은 생각을 가진 보석에너지 전문가들과 함께할 수 있어 매우 기쁩니다.

이 책에서는 보석이 사람의 심신 에너지에 어떠한 영향을 미치는지, 오라에너지를 통해 임상 연구한 결과를 자유로운 보고서 형식으로 담았습니다. 오랜 임상으로 보석이 지닌 에너지는 공명과 동조화를 통해 사람의 에너지 흐름과 밸런스 회복에 도움을 준다는 사실을 알게 되었는데, 그것은 단순한 플라시보 효과를 뛰어넘는 결과를 분명한 수치로 보여줍니다. 하지만 보석을 만병통치약 또는 현대의학의 대안으로 과대 해석하거나 오해하지 않기를 당부드립니다. 보석에너지를 실제 질병 치료에 대한 기대로 연결시키는 성급한 해석을 하지 않도록 주의해야 합니다.

보석에너지는 사람의 몸이 지닌 에너지보다 훨씬 강하고 안정적으로 정렬되어 있습니다. 그런데 어떻게 보석이 사람의 에너지를 상승시키기도 하고, 때로는 하강시키기도 할까요? 또한, 같은 보석일지라도 사람마다 다른 반응을 보이는 것은 무엇 때문일까요? 이러한 질문에 답을 찾고자 오라에너지를 도구로 보석에너지를 임상 연구하는 과정은 매우 흥미롭고 즐거웠습니다.

저는 임상 과정에서 많은 것을 배울 수 있었습니다.

첫째는, 보석이 단순히 육체적 영역뿐만 아니라 마음과 영혼에까지 영향을 줄 수 있다는 큰 가능성을 발견하게 된 것입니다.

둘째는, 보석이 사람들에게 자신의 내면 속에 감춰진 참된 '존재의 가치'와 '불멸의 아름다움'을 발견하게 해준다는 점이 가장 큰 '보석의 존재 의미'가 아닐까 하는 깨달음입니다. 독자분들도 보석의 참된 가치를 발견하고 영혼과 육체의 건강을 지키는 데 도움을 받으시길 진심으로 바랍니다.

자신의 스토리와 오라 임상결과를 기꺼이 공유해주신 책 속의 주인공분들께 머리 숙여 감사드리고 저 자신을 보석처럼 빛나는 존재라 믿으며 살아올 수 있도록 잘 키워주신 존경하는 부모님과 가족, 살아오며 만난 모든 인연에 두 손 모아 감사와 사랑의 마음을 전합니다.

# 보석의
# 힐링에너지

Healing Energy
of Gemstones

저자협의
인지생략

**발 행 일**  2025년 5월 1일

**지 은 이**  홍재영, 김영출, 김은애, 조영란, 이영좌

**발 행 처**  세상의모든힐링
**신고번호**  제 2024-000321호
**주   소**  서울시 강남구 강남대로112길 34 3층
**정   가**  36,000원

ISBN  979-11-970375-7-3

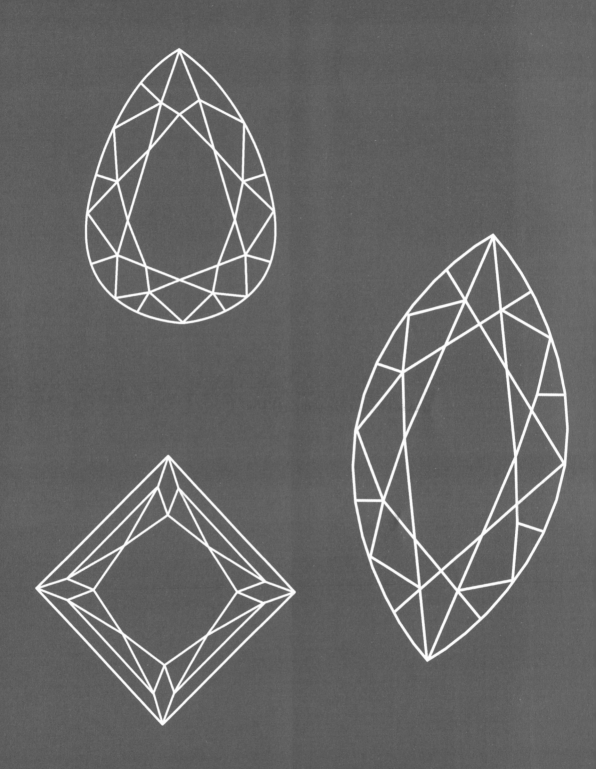